# Beiträge zur Berechnung mehrstieliger Steifrahmen

## mit Verwendung eines durchlaufenden Balkens als statisch unbestimmtes Hauptsystem.

Von der

Königl. Sächs. Technischen Hochschule

zu Dresden

zur

Erlangung der Würde eines Doktor-Ingenieurs

genehmigte

**Dissertation.**

Vorgelegt von

Dipl.-Ing. **Richard Rossin**
aus Czernowitz.

Verlag M. Krayn, Berlin W
1912.

Referent: Professor Max Foerster, Dresden.
Korreferent: Geh. Hofrat Professor Georg Christoph Mehrtens, Dresden.

# Inhaltsverzeichnis.

# 1. Vorbemerkungen.

Ein Rahmen ist ein ebenes Tragwerk, bestehend aus lotrechten Stielen (Stützen, Säulen) und aus beliebig geformten Querbalken (Riegeln), an die die Säulenköpfe angeschlossen sind, während deren Füße auf einer Grundmauer ruhen. Es kommen aber auch Bauwerke mit geneigten Außenstützen vor; diese werden jedoch vom statischen Gesichtspunkte aus richtiger als Riegelteile aufgefaßt, so daß dann die Stützen verschwinden. Als ein charakteristisches Merkmal jedoch aller Rahmen sind die steifen Verbindungen zwischen Riegel und Stütze sowie zwischen zwei Riegelteilen anzusehen.

Nach der Anzahl der Stiele, bzw. der durch diese gebildeten Felder werden die Rahmen in 2-, 3- ... (r + 1)-stielige, bzw. 1-, 2- ... (r)schiffige Rahmen eingeteilt.

Zum Unterschiede vom geraden Balken ruft jede Belastung in den Stützpunkten, Stützenkräfte hervor, die im allgemeinen beliebig gerichtet sind. In dieser Hinsicht sind die Rahmen mit Bogenträgern verwandt.

Die Berechnung erfolgt auf Grund der Elastizitätstheorie. Für einschiffige, gelenkig gelagerte oder fest eingespannte Rahmen liefern die Sätze von Mohr und Castigliano gut verwendbare Ergebnisse. Sobald es sich jedoch um mehrschiffige Systeme handelt, wächst die Zahl der Überzähligen bedeutend, so daß es sich empfiehlt, den Satz von Mohr über die Einflußlinie einer elastischen Biegung anzuwenden.

Die Zahl der Überzähligen kann dadurch verringert werden, daß an Stelle eines einfachen Balkens auf zwei Stützen als statisch unbestimmtes Hauptsystem ein über sämtliche Stützpunkte durchlaufender Balken eingeführt wird, da für einen solchen sämtliche Momente und Querkräfte leicht aufgefunden werden können. Es wird dadurch nicht nur die Rechenarbeit vereinfacht, auch die Ergebnisse werden übersichtlicher, da sich die Wirkung der Bogenkraft und der Einspannungsmomente in den Füßen der Außensäulen als Einspannungsgrad der Außenfelder des Hauptsystems ergibt. Dabei ist für eine ständige Belastung das Auftragen von Einflußlinien nicht erforderlich.

## I. Mehrstielige Rahmen, deren Außenstützen unverschieblich gelagert sind und deren Mittelstützen nur in Richtung ihrer Achse Kräfte übertragen können.

### 2. Allgemeine Gleichung für die Bogenkraft.

Die lotrechten Mittelstützen des in Fig. 1 dargestellten Rahmenbinders ruhen auf Gleitlagern, so daß auf deren Grundmauern nur lotrechte Drücke $C_1 = C^0_1 - V_1$, $C_2 = C^0_2 - V_2 \ldots$ übertragen werden können. Die Außenstützen sind gelenkig

Fig. 1

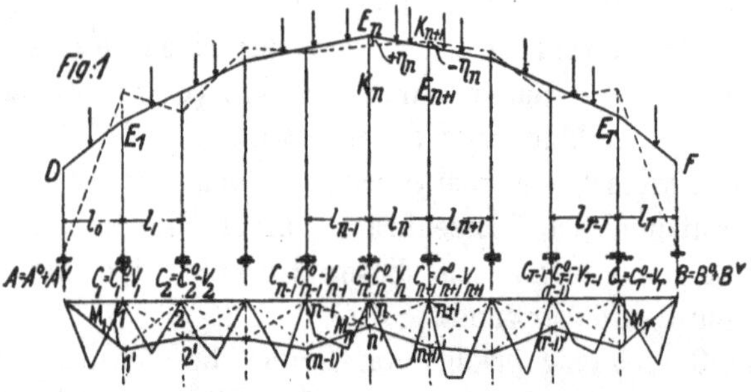

gelagert und können auf ihre Grundmauern beliebig gerichtete Stützenkräfte ausüben. Wir zerlegen diese in die Vertikalkräfte $A = A^0 + A^v$ und $B = B^0 + B^v$ und in die Bogenkraft X, wirkend in der Verbindungslinie der beiden Gelenke der Kämpferlinie.

Unter $A^0$, $C^0_1$, $C^0_2$, ... $B^0$ sind die Balkenstützenkräfte des statisch unbestimmten Hauptsystems zu verstehen, das dadurch entsteht, daß eines der beiden festen Gelenke in ein Gleitlager verwandelt wird und so die Bogenkraft verschwindet.

Werden mit $M^0$ das statische Moment und mit $Q^0$ die Querkraft des Hauptsystems, mit $\mu^v$ die Stützenmomente und mit $Q^v$ die Balkenquerkräfte infolge der Vertikalkräfte $V_1$, $V_2$ ... bezeichnet, so beträgt an beliebiger Schnittstelle der Rahmenachse das Angriffsmoment

$$M = M^0 - X \cdot y + \mu^v \quad \ldots \quad (1)$$

und die Längskraft

$$N = Q^0 \cdot \sin\varphi - Q^v \cdot \sin\varphi + X \cdot \cos\varphi \quad \ldots \quad (1a)$$

wobei unter $\varphi$ der Winkel zu verstehen ist, den die Rahmenachse an der Schnittstelle mit der Kämpferlinie einschließt.

Hinsichtlich des Vorzeichens sei folgendes bestimmt:

Für den Teil zwischen dem linken Kämpfer und dem gedachten Schnitt sei M positiv, wenn es rechtsdrehend wirkt. Für den anderen Teil ist dann M positiv, wenn es linksdrehend wirkt. N sei stets negativ, wenn es gegen den Schnitt des betreffenden Teiles gerichtet ist, umgekehrt ist N positiv.

Mit Vernachlässigung des Einflusses der Längs- und der Querkräfte auf die Formänderung lautet die Bedingungsgleichung für X:

$$\mathfrak{A} = \int \frac{M}{\varepsilon \mathfrak{I}} \cdot \frac{\partial M}{\partial x} \cdot dz + \int \alpha t_0 \frac{\partial N}{\partial x} \cdot dz + \int \alpha \frac{\Delta t}{h_b} \cdot \frac{\partial M}{\partial x} \cdot dz \quad (2)^{*)}$$

Hierin bedeutet:

$t_0$ die über den Stabquerschnitt gleichmäßig verteilte Temperaturänderung;

$\Delta t$ den Unterschied der Temperaturen der äußersten Querschnittpunkte;

$h_b$ die Höhe des Querschnittes.

Wird berücksichtigt, daß

$$\frac{\partial M}{\partial x} = -1 \cdot y \text{ und } \frac{\partial N}{\partial x} = -1 \cdot \cos\varphi$$

und wird Gleichung (2) beiderseits mit $\varepsilon^0 \mathfrak{I}^0$ multipliziert, wobei unter $\varepsilon^0$ ein ideelles Dehnungsmaß und unter $\mathfrak{I}^0$ ein ideelles Trägheitsmoment zu verstehen ist, so erhält man

*) $\varepsilon$ bezeichnet das Elastizitätsmaß.

$$\varepsilon^0 \mathfrak{J}^0 \mathfrak{A} = x \int \frac{\varepsilon^0 \mathfrak{J}^0}{\varepsilon \mathfrak{J}} y^2 dz - \int \frac{\varepsilon^0 \mathfrak{J}^0}{\varepsilon \mathfrak{J}} \mu^v y dz - \int \frac{\varepsilon^0 \mathfrak{J}^0}{\varepsilon \mathfrak{J}} M^0 y dz$$

$$- \int \varepsilon^0 \mathfrak{J}^0 \alpha t_0 dz \cos \varphi - \int \varepsilon^0 \mathfrak{J}^0 \alpha \frac{\Delta t}{h_b} y dz \quad . \quad . \quad . \quad (3)$$

Die Momente $\mu^v$ können durch die Stützenmomente $M^v$ ausgedrückt werden, da durch diese die Momentenfläche infolge der V-Kräfte eindeutig bestimmt ist. Für ein Moment im Felde $l_n$ ist:

$$\mu^v = \frac{x}{l_n} M^v{}_{n+1} + \frac{l_n - x}{l_n} M^v{}_n \text{ und}$$

$$y \mu^v dz = \frac{x}{l_n} y dz M^v{}_{n+1} + \frac{l_n - x}{l_n} y dz M^v{}_n$$

Mithin

$$\int_0^L \frac{\varepsilon^0 \mathfrak{J}^0}{\varepsilon \mathfrak{J}} y \mu^v dz = M^v{}_1 \left\{ \int_0^{l_0} \frac{\varepsilon^0 \mathfrak{J}^0}{\varepsilon \mathfrak{J}} \frac{l_0 - x}{l_0} y dz + \int_0^{l_1} \frac{\varepsilon^0 \mathfrak{J}^0}{\varepsilon \mathfrak{J}} \frac{x}{l_1} y dz \right\}$$

$$+ M^v{}_2 \left\{ \int_0^{l_1} \frac{\varepsilon^0 \mathfrak{J}^0}{\varepsilon \mathfrak{J}} \frac{l_1 - x}{l_1} \cdot y dz + \int_0^{l_2} \frac{\varepsilon^0 \mathfrak{J}^0}{\varepsilon \mathfrak{J}} \cdot \frac{x}{l_2} y dz \right\} + \ldots$$

$$= M^v{}_1 \mathfrak{f}_1 + M^v{}_2 \mathfrak{f}_2 + \ldots \quad . \quad . \quad . \quad . \quad . \quad . \quad . \quad . \quad . \quad . \quad . \quad . \quad (4)$$

wenn mit $\mathfrak{f}$ die Klammerausdrücke bezeichnet werden.

Verschieben sich die Widerlager der Außenstiele derart, daß ihre gegenseitige Entfernung um $\Delta L$ zunimmt, so beträgt die Arbeit der äußeren Kräfte $\mathfrak{A} = 1 \cdot \Delta L$ und Gleichung (3) geht dann mit Berücksichtigung von Gleichung (4) über in

$$- \varepsilon^0 \mathfrak{J}^0 \Delta L = x \int \frac{\varepsilon^0 \mathfrak{J}^0}{\varepsilon \mathfrak{J}} y' dz - M^v{}_1 \cdot \mathfrak{f}_1 - M^v{}_2 \cdot \mathfrak{f}_2 - \ldots - M^v{}_r \cdot \mathfrak{f}_r$$

$$- \int_0^L \frac{\varepsilon^0 \mathfrak{J}^0}{\varepsilon \mathfrak{J}} M^0 y dz - \varepsilon^0 \mathfrak{J}^0 \alpha \int_0 t_0 dx - \varepsilon^0 \mathfrak{J}^0 \alpha \int_0 \frac{\Delta t}{h_b} y dz$$

Bis jetzt wurden die Stützenmomente $M^v{}_1$, $M^v{}_2 \ldots M^v{}_r$ so behandelt, als ob sie von X unabhängig wären. Es könnten dann in ähnlicher Weise auch die Bedingungsgleichungen für diese Momente angeschrieben und danach sämtliche Überzähligen ermittelt werden. Ein solches weitläufiges Verfahren ist jedoch überflüssig, da, wie in Nr. 4 nachgewiesen werden wird, die Stützenmomente $M^v$ zu X in einem konstanten, von der Belastung unabhängigen Verhältnisse stehen. Diese Beziehung geht auch unmittelbar aus der einfachen Überlegung hervor, daß das gewählte Hauptsystem einfach statisch unbestimmt ist und daß mit Aufhebung der Bogenkraft auch die zusätzlichen Stützenkräfte V verschwinden. — Setzen wir daher $M^v_1 = h_1 \cdot X$; $M^v_2 = h_2 X \ldots M^v_r = h_r \cdot X$, so lautet die allgemeine Bedingungsgleichung für den Horizontalschub

$$X = \frac{\int \frac{\varepsilon^0 J^0}{\varepsilon J} M^0 y \, dz}{N} + \frac{\varepsilon^0 J^0 \alpha \int t_0 \, dx}{N} + \frac{\varepsilon^0 J^0 \alpha \int \frac{\Delta t}{h_b} y \, dz}{N} - \frac{\varepsilon^0 J^0 \Delta L}{N} \quad . \; . \; (6)$$

Hierin ist

$$N = \int \frac{\varepsilon^0 J^0}{\varepsilon J} y^2 dz - h_1 \mathfrak{f}_1 - h_2 \mathfrak{f}_2 - \ldots h_r \mathfrak{f}_r \quad . \; . \; (6a)$$

Die Integrale erstrecken sich über alle von X abhängigen Glieder, also über die Außenstützen und den Riegel, dagegen nicht über die Mittelstützen und etwaige Kragteile. Sind keine Mittelstützen vorhanden, so verschwinden in Gleichung (6a) die Größen $h \mathfrak{f}$ und die Bedingungsgleichung für den Horizontalschub ist gleichlautend wie beim Zweigelenkbogen.

Im folgenden wird für alle Querschnitte E als konstant angenommen, doch läßt sich dessen Veränderlichkeit leicht durch Multiplikation von $J$ mit $\frac{\varepsilon'}{\varepsilon^0}$ berücksichtigen.

## 3. Einflußlinie für die Bogenkraft.

Wird der Rahmen A D E F B (Figur 1) nur mit lotrechten Kräften belastet gedacht, so verschwinden die Momente in den Stielen. Unter der weiteren Annahme unverschieblicher Widerlage und daß im ganzen Rahmen Anfangstemperatur herrscht, vereinfacht sich Gleichung (6) zu

$$X = \frac{1}{N} \int_0^L \frac{J^0}{J} M^0 y \frac{dx}{\cos \varphi} \quad . \; . \; . \; . \; . \; . \; (7)$$

In Fig. 2 ist ein Teil eines Rahmenbinders dargestellt und darunter das Diagramm der zugehörigen Trägheitsmomente sowie das ideelle Trägheitsmoment. Von einem Punkte R der

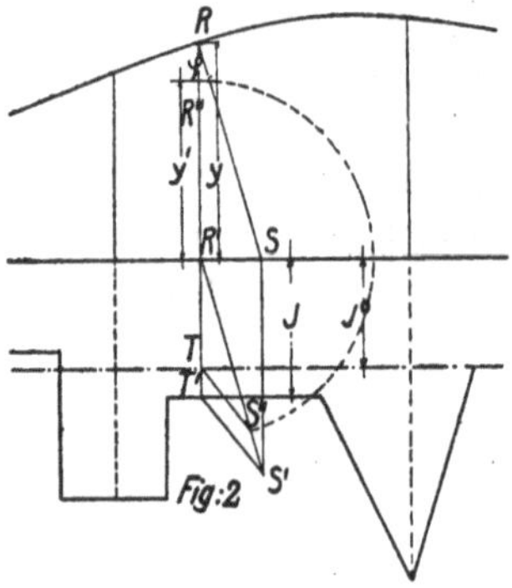

Fig:2

Riegelachse fällen wir ein Lot auf die Kämpferachse, welches diese im Punkte R′ und weiter das Trägheitsdiagramm in T′ und die $J^0$ Linie in T trifft. Ziehen wir von R aus einen zur Riegelachse senkrechten Schnitt, der die Kämpferachse in S trifft, so ist $\overline{R\cdot S} = \overline{R\cdot R'}\cdot\frac{1}{\cos\varphi} = \frac{y}{\cos\varphi}$. Hierauf ziehen wir zwei Parallele zu $\overline{RS}$ und $\overline{RR'}$, die sich in S′ schneiden, verbinden T′ mit S′ und machen $\overline{TS''} \parallel \overline{T'S'}$. Schließlich schlagen wir noch mit $\overline{R'S''}$ einen Kreisbogen um R′, der die Ordinate RR′ in R″ trifft, so daß $\overline{R'R''} = R'S'' = \frac{J^0\cdot y}{J\cdot\cos\varphi} = y'$ wird [1]).

Werden für eine Anzahl Ordinaten die Punkte R″ konstruiert, so können diese zu einem Linienzuge vereinigt werden, den wir die „verzerrte Riegelachse“ nennen wollen. Die von dieser und der Kämpferachse eingeschlossene Fläche heiße die „verzerrte Rahmenfläche“.

Das Integral der Gleichung (7) kann nunmehr als das statische Moment der auf der verzerrten Riegelachse vereinigt gedachten $M^0$-Fläche in bezug auf die Kämpferachse aufgefaßt werden.

[1]) Dieses Verfahren ist von Keck-Hottopp, Elastizitätslehre II, 103 f., für den zweigelenkbogen gewählt.

In Fig. 1a ist die $M^0$-Linie in bekannter Weise dargestellt[1]). Ziehen wir die Linien $1-2'$, $1'-2$, $2-3'$, $2'-3$ usw., so zerlegt sich die $M^0$-Fläche in die Momentenflächen der einfachen Balken und in Dreiecke $0-1'-2$, $1-2'-3$ ... $(r-1)-r'-(r+1)$ mit den zugehörigen Höhen $M_1$, $M_2$ ... $M_r$. Bezeichnen wir den Beitrag, den die ersteren zu $\int M^0 y' dx$ liefern, mit $\overline{K}_0$, $\overline{K}_1$ ... $\overline{K}_r$ und den der letzteren mit $K_1$, $K_2$ ... $K_r$, so kann die Gleichung (6) auchgeschrieben werden:

$$X = \frac{1}{N}\left[\sum_1^r K + \sum_0^r \overline{K}\right] \quad \ldots \ldots \quad (8)$$

Denken wir uns mit der verzerrten Rahmenfläche des $n^{ten}$ Feldes einen einfachen Balken von der Länge $l_n$ belastet (Fig. 3), so beträgt der rechte Auflagerdruck $\mathfrak{R}_n = \int_0^{l_n} y' dx \cdot \frac{x}{l_n}$.

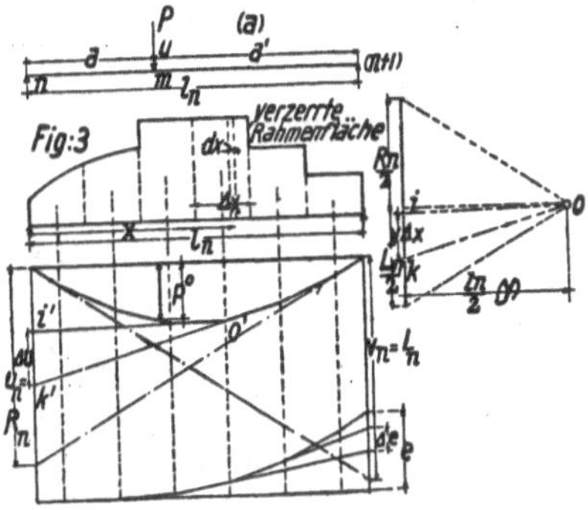


Dies ist aber nichts anderes als der Beitrag, den das Momentendreieck mit der Grundlinie $l_n$ und der Höhe 1 über der rechten Stütze $(n+1)$ zu $\int_0^{l_n} M^0 y' dx$ liefert, denn es ist $M^0 = \frac{x}{l_n} \cdot 1$ und $\int_0^{l_n} M^0 y' dx = \int_0^{l_n} 1 \cdot y' \cdot \frac{x}{l_n} \cdot dx$. Ebenso stellt der linke Auflagerdruck den Beitrag des Momentendreiecks mit der Höhe 1 über der linken Stütze (n) und der gleichen Grundlinie dar. Denken wir uns in gleicher

[1]) Die Kenntnis der Theorie des durchlaufenden Balkens namentlich in der Darstellung von Ritter, Anwendungen der graphischen Statik III, Zürich 1900, wird als bekannt vorausgesetzt.

Weise die den übrigen Feldern entsprechenden einfachen Balken mit der verzerrten Rahmenfläche belastet, so entstehen in den Stützen Reaktionen, die sich aus Beträgen $\mathfrak{R}$ und $\mathfrak{L}$ zusammensetzen und die, mit den zugehörigen Stützenmomenten multipliziert, zu $\int M^0 y' dx$ die K-Beiträge liefern.

Führen wir $\mathfrak{f}_n = \mathfrak{R}_{n-1} + \mathfrak{L}_n$ ein, so können wir auch schreiben

$$K_n = \mathfrak{R}_{n-1} M_n + \mathfrak{L}_n M_n = \mathfrak{f}_n M_n \quad . \quad . \quad . \quad . \quad (9)$$

Die Flächenwerte $\mathfrak{R}$ und $\mathfrak{L}$ stimmen mit den Integralen der Gleichung (4) vollständig überein.

In Fig. 3b sind die Auflagerdrucke mit Hilfe eines Seilpolygones gefunden. Wird für das $n^{te}$ Feld als Polweite $l_n$ gewählt, so schneiden die beiden äußersten Seilstrahlen auf der Senkrechten durch die linke Stütze die Strecke $u_n = \mathfrak{R}_n$ ab. Denn aus der Ähnlichkeit der Dreiecke o—i—k und o'—i'—k' folgt, daß $\varDelta u = y \cdot \varDelta x \cdot \frac{x}{l_n}$ und $u_n = \Sigma \varDelta u = \int\limits_0^{l_n} y' dx \cdot \frac{x}{l_n}$. Ebenso ist $v_n = \mathfrak{L}_n$.

Bei der Untersuchung der $\overline{K}$-Werte werden wir uns auf die beiden Fälle einer Einzellast und einer über den ganzen Querschnitt gleichmäßig verteilten Belastung beschränken. Liegt eine Einzellast P bei m in den Abständen a und a' von den Stützen des Feldes $l_n$ (Fig. 3a), so beträgt das Moment zwischen n und m $\mathfrak{M}_n = P \cdot \frac{a'}{l_n} \cdot x$ und zwischen $(n+1)$ und m $\mathfrak{M} = \frac{P \cdot a (l_n - x)}{l_n}$. Somit ist

$$\int\limits_0^{l_n} \mathfrak{M} y' dx = \int\limits_0^{a} \frac{P a'}{l_n} x y' dx + \int\limits_a^{l_n} P \cdot \frac{a}{l_n} (l_n - x) y' dx = P \cdot G^m{}_n \qquad (10)$$

wobei unter $G^m{}_n$ das statische Moment eines mit der verzerrten Rahmenfläche belasteten einfachen Balkens $l_n$ an der Stelle m zu verstehen ist.

Wird ein Seilpolygon mit der Polweite $\mathfrak{H}$ qm gezeichnet so sind die Ordinaten $p^0$ im Längenmaßstabe der Zeichnung zu messen. Die Seillinie ist Einflußlinie von $\overline{K}$. Gleichung (10 kann dann auch geschrieben werden

$$\int_0^{l_n} \mathfrak{M} y' dx = P \cdot \mathfrak{H} \cdot p^0 \quad \ldots \ldots \ldots (10a)$$

Besteht der Rahmen nur aus einem Felde, so entfallen die K-Werte, und die $p^0$-Linie ist unmittelbar Einflußlinie für die Bogenkraft.

Für eine gleichmäßig verteilte Belastung Q ist die $\mathfrak{M}$-Linie eine Parabel von der Gleichung $\mathfrak{M} = \frac{Q \cdot x (l_n - x)}{2\, l_n}$. Es beträgt demnach:

$$_q\overline{K}_n = \frac{Q}{2} \int_0^{l_n} \frac{x (l_n - x)}{l_n} \cdot y' dx \quad \ldots \ldots (10b)$$

Wie vorhin gezeigt, ist $\varDelta u = \frac{x}{l_n} \cdot y' dx$. Fassen wir diese Strecken als Kräfte auf, die in den Schwerpunkten der zugehörigen Flächenstreifen $y' \cdot dx$ lotrecht wirken, und zeichnen wir zu diesen ein Seilpolygon mit der Polweite $l_n$, so schneiden die äußersten Seilstrahlen auf der Senkrechten durch die rechte Stütze die Strecke

$$e = \frac{1}{l_n} \int_0^{l_n} \frac{l_n - x}{l_n} \cdot x \cdot y' dx$$

ab. Denn aus der Ähnlichkeit der Dreiecke folgt wieder $\frac{\varDelta u}{l_n} = \frac{\varDelta e}{l_n - x}$ und

$$e = \Sigma \varDelta e = \Sigma \varDelta u \cdot \frac{l_n - x}{l_n} = \frac{1}{l_n} \cdot \int_0^{l_n} \frac{l_n - x}{l_n} \cdot x \cdot y' \cdot dx$$

Wird $e \cdot l_n = G^0_n$ gesetzt, so geht Gleichung (10b) über in

$$_q\overline{K}_n = \frac{Q}{2} \cdot G^0_n \quad \ldots \ldots \ldots (10c)$$

In gleicher Weise kann man die Strecken $\varDelta v$ als Kräfte auffassen und auf der Senkrechten durch die linke Stütze eine Strecke $e'$ finden. Naturgemäß muß $e = e'$ sein.

Der allgemeine Ausdruck für das zweite Glied der Gleichung (8) lautet daher

$$\sum_0^r \overline{K} = \sum_0^r P \cdot G + \sum_0^r \frac{Q}{2} \cdot G^0 \quad \ldots \ldots \quad (10\,d)$$

Bleibt eine Veränderlichkeit des Trägheitsmomentes von Querschnitt zu Querschnitt, die ja bekanntlich von keinem bedeutenden Einflusse ist, unberücksichtigt, was namentlich beim ersten Rechnungsgange stets der Fall sein dürfte, so führt die numerische Rechnung schneller zum Ziele. Wir machen dabei noch die weitere Annahme, daß die Riegelachse von Stütze zu Stütze geradlinig verläuft. Wird das im Felde $l_n$ konstante Trägheitsmoment mit $J^c_n$ bezeichnet, so folgt aus Figur 4, daß

Fig: 4

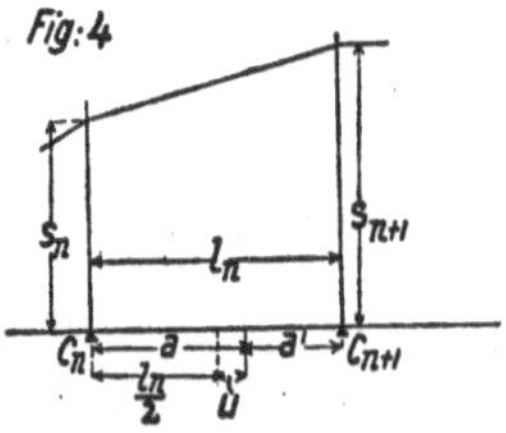


$$\left.\begin{aligned} \mathfrak{L}_n &= \frac{J^0 l_n}{J^c_n \cos\beta_n} \cdot \frac{2\,s_n + s_{n+1}}{6} \\ \text{und} \quad \mathfrak{R}_n &= \frac{J^0 l_n}{J^c_n \cos\beta_n} \cdot \frac{s_n + 2\,s_{n+1}}{6} \end{aligned}\right\} \quad \ldots \ldots \quad (11)$$

Wird der Koordinatenursprung nach der Balkenmitte verlegt, so daß $a = \frac{l_n}{2} + u$ und $a' = \frac{l_n}{2} - u$ wird, so kann des weiteren nach Fig. 4 abgeleitet werden:

$$\begin{aligned} G_n &= \frac{J^0}{J \cos\beta_n}\left[s_{n+1}\left(\frac{l_n \cdot a}{6} - \frac{a^3}{6\,l_n}\right) + s_n\left(\frac{l_n a'}{6} - \frac{a'^3}{6\,l_n}\right)\right] \\ &= \frac{J^0}{J \cos\beta_n} \cdot \frac{a \cdot a'}{6\,l_n}\left[s_{n+1}(l + a) + s_n(l + a')\right] \\ &= \frac{J^0}{J \cos\beta_n} \cdot \left(\frac{l_n}{4} - u^2\right)\left[\frac{s_n + s_{n+1}}{4} + \frac{u}{l_n} \cdot \frac{s_{n+1} - s_n}{6}\right] \\ &= \frac{J^0}{J \cos\beta_n} \cdot \left(\frac{l_n}{4} - u^2\right)\left[\frac{\mathfrak{L}_n + \mathfrak{R}_n}{2\,l_n} + \frac{u}{l^2_n} \cdot (\mathfrak{R}_n - \mathfrak{L}_n)\right] \quad \ldots \quad (12) \end{aligned}$$

und

$$\begin{aligned} G^0_n &= \frac{J^0}{J^c_n \cos\beta_n}\int_0^{l_n} \frac{a\,(l_n - a)}{l_n}\left(s_{n+1} \cdot \frac{a}{l_n} + s_n \cdot \frac{l_n - a}{l_n}\right) da \\ &= \frac{J^0}{J^c_n \cos\beta_n} : \frac{l^2_n}{12}(s_n + s_{n+1}) = \frac{J^0}{J^c_n \cos\beta_n} : \frac{l_n}{6}(\mathfrak{L}_n + \mathfrak{R}_n) \quad (12a) \end{aligned}$$

Es erscheint mitunter auch wünschenswert, $G_n$ und $G^0_n$ durch das Moment des einfachen Balkens auszudrücken. Führen wir $\mathfrak{M}_n = \frac{P \cdot a(l_n - a)}{l_n} = \frac{P}{l_n}\left(\frac{l^2_n}{4} - u^2\right)$ in Gleichung (12) und $\mathfrak{M}_n = \frac{Q\, l_n}{2}$ in Gleichung (12a) ein, so erhalten wir:

$$P \cdot G_n = \frac{O^0}{O'_n \cos\beta_n} \cdot \mathfrak{M}_n \left[\frac{\mathfrak{L}_n + \mathfrak{R}_n}{2} + \frac{u}{l_n}(\mathfrak{R}_n - \mathfrak{L}_n)\right] \quad . \; . \; . \quad (13)$$

und

$$\frac{Q}{2} \cdot G^0_n = \frac{O^0}{O'_n \cos\beta_n} \mathfrak{M}_n \cdot \frac{2}{3}(\mathfrak{L}_n + \mathfrak{R}_n) \quad . \; . \; . \; . \; . \; . \; . \quad (13a)$$

Ist die Riegelachse parallel zur Kämpferachse, so verschwindet das zweite Glied der Gleichung (12), und $G_n$ wird von der Lage der Belastung unabhängig.

Ist die Riegelachse gekrümmt, so ist dieselbe durch eine Gerade zu ersetzen, die sich so weit als möglich an die Kurve anschmiegt. Eine genaue Berechnung, die an und für sich keine Schwierigkeiten bietet, ist um so weniger am Platze, als bereits durch Annahme eines konstanten Trägheitsmomentes auf eine vollkommen genaue Berechnung verzichtet wurde.

Ist der Rahmen durch eine Einzellast P beansprucht, die im Punkte m des Feldes $l_n$ im Abstande a von der linken Stütze angreifen möge, so verschwinden in Gleichung (10d) $\frac{\Sigma Q}{2} \cdot G^0$ und alle Glieder der $\Sigma P G$ bis auf das Glied $P \cdot G^m_n$. Da ferner die Stützenmomente der unbelasteten Glieder zueinander in einem festen Verhältnisse stehen, sind wir in der Lage, $\Sigma \int M$ durch die beiden dem belasteten Felde anliegenden Stützenmomente auszudrucken. Zu diesem Zwecke sei das Verhältnis zweier aufeinander folgender Stützenmomente wie folgt bezeichnet:

Liegt die Belastung rechts vom Feld k, so sei

$$\varkappa_k = -\frac{M_k}{M_{k+1}}$$

Liegt die Belastung links vom Felde k, so sei

$$\varkappa'_k = -\frac{M_{k+1}}{M_k}$$

Bewegt sich die Last von links nach rechts, so beträgt die Summe der Beiträge K links vom belasteten Felde, wenn die Last in

$$\left.\begin{array}{ll}
\text{Feld } l_0 : K_0 & = 0 \\
\text{Feld } l_1 : K_1 & = \mathfrak{f}_1 M_1 \\
\text{Feld } l_2 : K_1 + K_2 & = \mathfrak{f}_1 M_1 + \mathfrak{f}_2 M_2 = (\mathfrak{f}_2 - \varkappa_1 \mathfrak{f}_1) M_2 \\
 & = F_2 M_2 \\
\text{Feld } l_3 : K_1 + K_2 + K_3 & = F_2 M_2 + \mathfrak{f}_3 M_3 = (\mathfrak{f}_3 - \varkappa_2 F_2) M_3 \\
 & = F_3 M_3 \\
\text{— — — — — —} & \text{— — — — — —} \\
\text{— — — — — —} & \text{— — — — — —} \\
\text{Feld } l_r : K_1 + \dots K_r & = F_{r-1} M_{r-1} + \mathfrak{f}_r M_r \\
 & = (\mathfrak{f}_r - \varkappa_{r-1} F_{r-1}) M_r = F_r M_r
\end{array}\right\} \quad (14)$$

Hierin ist

$$F_2 = \mathfrak{f}_2 - \varkappa_1 \mathfrak{f}_1; \; F_3 = \mathfrak{f}_3 - \varkappa_2 F_2; \; \dots \; F_r = \mathfrak{f}_r - \varkappa_{r-1} F_{r-1}$$

Dementsprechend beträgt die Summe der Beiträge rechts vom belasteten Felde, wenn die Last in

$$\left.\begin{array}{ll}
\text{Feld } l_r \; : K_{r+1} & = 0 \\
\text{Feld } l_{r-1} : K_r & = \mathfrak{f}_r M_r \\
\text{Feld } l_{r-2} : K_r + K_{r-1} & = \mathfrak{f}_r M_r + \mathfrak{f}_{r-1} M_{r-1} \\
 & = (\mathfrak{f}_{r-1} - \varkappa'_{r-1} \mathfrak{f}_r) \cdot M_{r-1} = F'_{r-1} M_{r-1} \\
\text{Feld } l_{r-3} : K_r + K_{r-1} + K_{r-2} & = F'_{r-1} M_{r-1} + \mathfrak{f}_{r-2} M_{r-2} \\
 & = (\mathfrak{f}_{r-2} - \varkappa'_{r-2} F_{r-1}) M_{r-2} = F'_{r-2} M_{r-2} \\
\text{— — — — — —} & \text{— — — — — —} \\
\text{— — — — — —} & \text{— — — — — —} \\
\text{Feld } l_0 \; : K_r + \dots K_1 & = F'_2 M_2 + \mathfrak{f}_1 M_1 \\
 & = (\mathfrak{f}_1 - \varkappa'_1 F_2) M_1 = F_1 M_1
\end{array}\right\} \quad (14a)$$

Hierin ist

$$F'_{r-1} = \mathfrak{f}_{r-1} - \varkappa'_{r-1} \mathfrak{f}_r; \; F'_{r-2} = \mathfrak{f}_{r-2} - \varkappa'_{r-2} F_{r-1}; \; \dots \; F_1 = \mathfrak{f}_1 - \varkappa' F_2$$

Für eine Einzellast P im Feld $l_n$ erhalten wir somit

$$\Sigma K = F_n M_n + F'_{n+1} M_{n+1} \text{ und } \Sigma K = P \cdot G^n \quad . \quad (15)$$

Die F-Werte können leicht graphisch dargestellt werden (Fig. 43.) Zu dem Zwecke benützen wir die Figuren des Zahlenbeispieles 1, mit deren Hilfe die Festpunkte für den Rahmen (Fig. 39) nach der Ritterschen Methode gefunden wurden. Auf der Senkrechten durch den linken Festpunkt des Feldes $l_1$ machen wir $\overline{i_1 - i'_1} = \mathfrak{f}_1$ und ziehen $\overline{1 - i''_1} \parallel \overline{i'_1 - 2}$, so daß $\overline{i_1 - i''_1} = \varkappa_1 \mathfrak{f}_1$. Die Wagerechte durch i″ schneidet die Senkrechte durch den linken Festpunkt von Feld $l_2$ in $i^0_2$. Machen wir $\overline{i^0_2 - i'_2} = \mathfrak{f}_2$, so ist $\overline{i_2 - i'_2} = \mathfrak{f}_2 - \varkappa_1 \mathfrak{f}_1 = F_2$. Mittels $\overline{2 - i''_2} \parallel \overline{i'_2 - 3}$ erhält man wieder $i_2 - i''_2 = \varkappa_2 F_2$ usw. Durch wiederholte Anwendung dieser Konstruktionen lassen sich schrittweise $F_2 F_3 \ldots F_r$ bestimmen. In gleicher Weise werden die F′-Strecken unter Benützung der rechten Festpunkte gefunden.

Bewegt sich die Einzellast über das Feld $l_n$, so ändern sich in Gleichung (15) und (15a) G, $M_n$ und $M_{n+1}$ stetig, während $F_n$ und $F'_{n+1}$, da nur von der Form abhängig, unveränderlich bleiben. Der Wert von G kann bereits berechnet werden (s. S. 6f.); die Stützenmomente $M_n$ und $M_{n+1}$ sind bekannten Gesetzen unterworfen und mögen nun entsprechend umgeformt werden.

Die Kreuzlinien des Feldes $l_n$ schneiden auf den Senkrechten durch den linken, bzw. rechten Stützpunkt nach Ritter, Graphische Statik III, Nr. 11 und Nr. 32 die Strecken,

$$M_n + \frac{1}{\varkappa'_n} M_{n+1} = b' = -P \frac{b l_n}{t'_n} \quad \ldots \ldots \quad (16)$$

$$\text{bzw. } M_{n+1} + \frac{1}{\varkappa'_n} M_n = c' = -P \frac{c l_n}{t_n}$$

ab. Hierin entsprechen die Strecken b und c, die bereits zur Bestimmung der Festpunkte aufgetragen wurden, den Durchbiegungen an der Stelle des Lastangriffes des einfachen Balkens $\overline{C_n - C_{n+1}}$ von der Länge $l_n$, der mit den Momentenflächen $C_n - C_{n+1} - K'_{n+1}$ bzw. $C_n - K'_n - C_{n+1}$ belastet ist.

Als veränderliche Polweite ist hierbei das Produkt aus dem Trägheitsmoment und dem Kosinus des Winkels, den die Riegelachse mit der Kämpferlinie einschließt, einzuführen. Die Strecken $t_n$ bzw. $t'_n$ werden von den äußersten Seilstrahlen der Biegungslinie auf der rechten, bzw. linken Stützensenkrechten abgeschnitten. Da es sich hierbei um ein Verhältnis der

Strecken b, c und $t_n$, $t'_n$ handelt, so ist vorläufig die Höhe des Belastungsdreieckes und die gewählte Polweite gleichgültig.

Aus Gleichung (16) lassen sich die Stützenmomente berechnen zu

$$\left.\begin{aligned} M_n &= -\frac{\varkappa_n}{1-\varkappa_n\varkappa'_n}(c'-\varkappa'_n b') = -\frac{\varkappa_n}{1-\varkappa_n\varkappa'_n} P l_n\left(\frac{c}{t_n}-\varkappa'_n\frac{b}{t'_n}\right) \\ &\text{und} \\ M_{n+1} &= -\frac{\varkappa'_n}{1-\varkappa_n\varkappa'_n}(b'-\varkappa'_n c') = -\frac{\varkappa_n}{1-\varkappa_n\varkappa'_n} P l_n\left(\frac{b}{t'_n}-\varkappa_n\frac{c}{t_n}\right) \end{aligned}\right\} \quad (17)$$

Wird die erste dieser Gleichung mit $F_n$, die zweite mit $F_{n+1}$ multipliziert, so ergibt sich

$$\begin{aligned} \Sigma K = &-\frac{\varkappa_n}{1-\varkappa_n\varkappa'_n}\cdot\frac{l_n}{t_n}\cdot c\cdot P\cdot(F^n-\varkappa'_n F'_{n+1}) \\ &-\frac{\varkappa'_n}{1-\varkappa_n\varkappa'_n}\cdot\frac{l_n}{t'_n}\cdot b\cdot P\cdot(F'_{n+1}-\varkappa_n F_n) \quad . \quad . \quad (18) \end{aligned}$$

Werden die Strecken, in welche die Festpunkte $i_n$ und $k_n$ des Feldes $l_n$ die Spannweite desselben teilen, mit d und e, bzw. d' und e' bezeichnet (Fig. 5), so ist

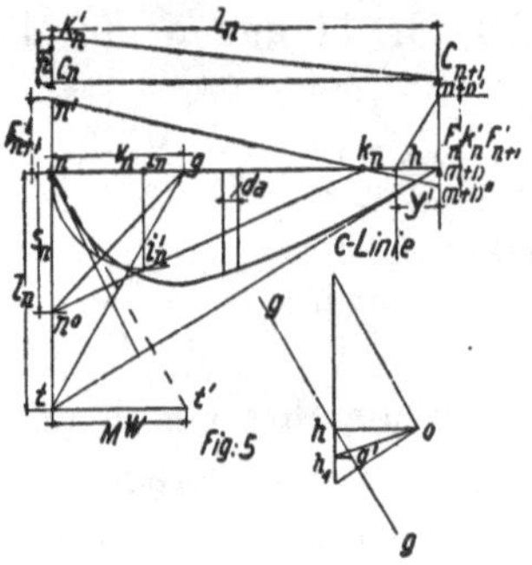

Fig. 5

$$\frac{\varkappa_n}{1-\varkappa_n\varkappa'_n} = \frac{\frac{d}{e}}{1-\frac{dd'}{ee'}} = \frac{de'}{ee'-dd'} = \frac{de'}{l_n(e'-d)},$$

wenn berücksichtigt wird, daß $e = l_n - d$ und daß $ee' - dd' = l_n e' - de' - dd' = l_n(e' - d)$. Klappen wir die Strecke $\overline{l_n e'} = n - i_n$ nach unten, so daß n nach $i'_n$ zu liegen kommt, so schneidet die Gerade $\overline{k_n i'_n}$ die Senkrechte durch n in $n^0$ derart, daß $\overline{n - n_0} = s_n = \frac{d \cdot e'}{l'_n - d}$ nnd $\frac{\varkappa_n}{1 - \varkappa_n \varkappa'_n} = \frac{s_n}{l_n}$ wird. Wird in gleicher Weise auch $\frac{\varkappa_n}{1 - \varkappa_n \varkappa'_n} = \frac{s'_n}{l_n}$ gefunden, so geht Gleichung (18) über in

$$\Sigma K = -\frac{s_n}{t_n} \cdot c \cdot P (F_n - \varkappa'_n F'_{n+1})$$

$$- \frac{s'_{n+1}}{t'_n} \cdot b \cdot P (F_{n+1} - \varkappa_n F_n) \quad . \quad . \quad (18a)$$

Wird ferner auf der linken Stützensenkrechten $F'_{n+1} = \overline{n - n'}$ gemacht und eine Gerade durch $n'$ und $k_n$ so weit verlängert, daß die rechte Stützensenkrechte in $(n+1)''$ getroffen wird, sodann auf dieser $F_n = \overline{n'' - n'}$ aufgetragen, so ist

$$\overline{n - n'} = (F_n - \varkappa'_n F'_{n+1}.$$

Wird noch der Hilfswert $\overline{n - h} = \mathfrak{H}'$, im Maßstabe von F gemessen, aufgetragen und $\overline{t - g} \parallel \overline{h - (n+1)}$ gezogen, so ist $\overline{n - g} = v_n = \frac{t_n \mathfrak{H}'}{F'_n - \varkappa'_n F'_{n+1}}$. Ebenso kann eine Strecke $v'_n = \frac{t'_n - \mathfrak{H}}{F'_{n+1} - \varkappa_n F_n}$ gefunden werden, so daß Gleichung (18a) die Form annimmt:

$$\Sigma K = F_n M_n + F'_{n+1} M_{n+1} = - \mathfrak{H}' \cdot P \left( \frac{s_n}{v_n} \cdot c + \frac{s'_n}{v'_n} \cdot b \right)$$

$$= - \mathfrak{H}' \cdot P (\gamma_n c + \gamma'_n b) \quad . \quad . \quad (19)$$

Die Koeffizienten $\gamma_n = \frac{s_n}{v_n}$ und $\gamma'_n = \frac{s'_n}{v'_n}$ sind von der Belastung unabhängig. Werden damit die c- und die b-Linie multipliziert, so ergeben sich $p_n$- und $p'_n$-Linien, die, von der $p^0_n$-Linie subtrahiert, die Einflußlinie von X für das Feld $l_n$ darstellen (Fig. 3, vgl. auch Fig. 40 des ersten Zahlenbeispieles). Denn an die Gleichungen (8), (10b) und (15a) erinnernd, erhalten wir für eine Einzellast in Feld $l_n$

$$X = \frac{\overline{\varkappa_n} + \Sigma K}{N} = \frac{P \cdot G^m{}_n + F_n M_n + F'_{n+1} M_{n+1}}{N}$$

$$= \frac{P \cdot \mathfrak{H}}{N} (p^0 - p - p') \quad . \quad . \quad (20)$$

Der Multiplikator $\frac{\mathfrak{H}}{N}$ ist vorläufig noch unbekannt, da N erst zu berechnen ist.

Ist das Trägheitsmoment nur von Feld zu Feld veränderlich, innerhalb eines Feldes jedoch konstant, so können die Festpunkte bestimmt werden, ohne daß dazu Biegelinien gezeichnet werden müssen. Denn es liegen die Schwerpunkte der Momentendreiecksflächen wieder in den Drittellinien, und ihre Flächeninhalte verhalten sich zueinander wie ihre Spannweiten und umgekehrt wie ihre Trägheitsmomente.

Die verschränkte Drittellinie liegt in deren gemeinsamen Schwerpunkt. Wird das Gewicht $W_{n-1} = \frac{h^0 l_{n-1}}{2\,\mathfrak{J}'_{n-1}} = \overline{D_n W'_{n-1}}$ des Dreieckes $l_{n-1} - C_n - E_n$ von $D_n$ und das Gewicht $W_n = \frac{h^0 \cdot l_n}{2 \cdot \mathfrak{J}'_n} = \overline{D'_{n-1} W_n}$ von $D'_{n-1}$ aus nach entgegengesetzten Seiten aufgetragen, so geht die verschränkte Drittellinie durch den Schnittpunkt V von $\overline{W_n - W'_{n-1}}$ mit der Grundlinie $C_{n-1} - C_n - C_{n+1}$.

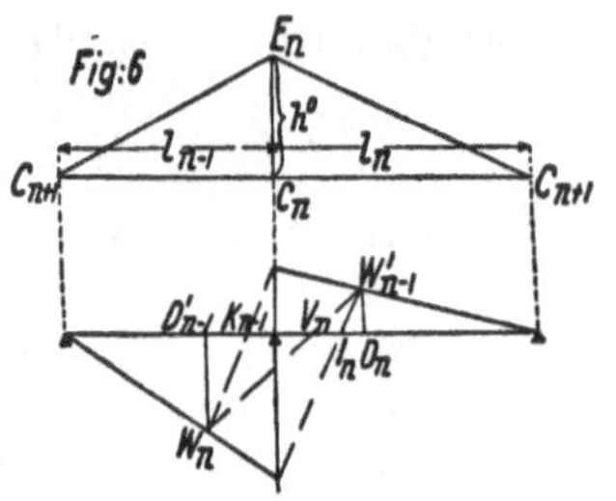


Wie aus Fig. 6 hervorgeht, ist jedoch zur Bestimmung der Festpunkte $K_{n-1}$ und $I_n$ das Aufsuchen dieser Linie überflüssig[1]). Es können nunmehr wie vorhin die Höhenwerte von F und F′ gefunden werden. Zur Bestimmung der Beiwerte $\gamma$ kann noch folgende Vereinfachung getroffen werden.

Wurde die c-Linie für ein Dreieck von der Höhe $h^0$ mit der Polweite $\mathfrak{h}'$ gezeichnet, so geht aus Fig. 7 hervor, daß $t_n = \frac{l^2_n \cdot h^0}{6\,h'}$. Wird nun $h^0$ und $\mathfrak{h}'$ so gewählt, daß $\mathfrak{h}' = \frac{h^0 l_n}{6}$ so wird $t_n = l_n$, und Gleichung (18) lautet mit Berücksichtigung von

$$\frac{\varkappa_n}{1 - \varkappa_n \varkappa'_n} = \frac{d \cdot e'}{l_n (e' - d)} \quad \text{und} \quad \frac{\varkappa'_n}{1 - \varkappa_n \varkappa'_n} = \frac{d' \cdot e}{l_n (e - d')}.$$

[1]) Die Bestimmung der Festpunkte erfolgt nach dem etwas abweichenden Verfahren von Ostenfeld.

$$\Sigma K = \frac{d \cdot e'}{l_n (e' - d)} \cdot c \cdot P (F_n - \varkappa'_{n+1} F'_{n+1})$$

$$+ \frac{d' \cdot e}{l_n (e - d')} \cdot b \cdot P (F'_{n+1} - \varkappa_n F_n) \quad . \quad . \quad . \quad . \quad (21)$$

In Fig. 7 sei $F_n - k'_n F_{n+1}$ bereits zu $\overline{(n+1) - (n+1')}$ gefunden. Durch einfache Konstruktion erhält man dann $z_n = (F_n - \varkappa'_n F_{n+1}) \cdot \frac{d}{l_n}$ und $z' = (F_{n+1} - \varkappa_n F_n)$. In gleicher Weise können Strecken $z'_n = (F'_{n+1} - \varkappa_n F_n$ und $\mathfrak{Q}'_n = \frac{z'_n - e}{e - d'}$ gefunden werden.

Gleichung (18) erhält dann wieder die einfache Form

$$\Sigma K = - \mathfrak{Q}_n \cdot c \cdot P - \mathfrak{Q}'_n b \cdot P$$

$$= \mathfrak{H}' \cdot P \left( \frac{\mathfrak{Q}_n}{\mathfrak{H}'} \cdot c + \frac{\mathfrak{Q}'_n}{\mathfrak{H}'} \cdot b \right) = \mathfrak{H}' \cdot P (\gamma_n c + \gamma'_n b) \quad . \quad . \quad (22)$$

Um die Einflußlinie von X zu erhalten, muß die c- und die b-Linie wieder mit den Beiwerten $\gamma_n$ und $\gamma'_n$ multipliziert und von der $p^0$-Linie abgezogen werden. Es sollen jedoch später allgemeine und zum Teil vereinfachende Methoden entwickelt werden, so daß jetzt nicht weiter darauf eingegangen werden möge.

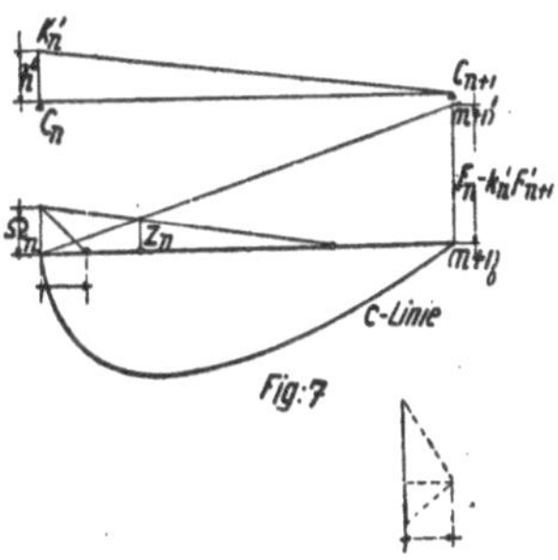


Ist Feld $l_n$ gleichmäßig mit q belastet, so geht Gleichung (22) über in $\Sigma K = \mathfrak{H}' (\gamma_n \int_0^{l_n} q c \, dx + \gamma'_n \int_0^{l_n} q \cdot b \cdot dx)$. Das Moment eines mit der Dreiecksfläche $C_n - C_{n+1} - K_{n+1}$ von der Höhe $h^0$ belasteten einfachen Balkens (Fig. 8) beträgt an der Stelle m in den Abständen a und a' von den Stützen:

$$M = h^0 \left( \frac{l_n \cdot a}{6} = \frac{a^3}{6 l_n} \right) = b \cdot \mathfrak{H}'$$

$$\text{und da } h^0 = \frac{6 \mathfrak{H}'}{l_n}, \text{ so: } b = a - \frac{a^3}{l_n^2} \quad . \quad . \quad . \quad . \quad . \quad (23a)$$

In gleicher Weise wird für Dreieck $C_n - K_n - C_{n+1}$ gefunden

$$c = a' - \frac{a'^3}{l_n^2} = 2\,a - \frac{3\,a^2}{l_n} + \frac{a^3}{l_n^2} \quad . \; . \; . \quad (23\,b)$$

Durch Integration erhält man $\int\limits_0^{l_n} q\,b\,d\,a = \int\limits_0^{l_n} q\,c\,d\,a' = \frac{q\,l_n^2}{4}$, so daß für gleichförmige Belastung Gleichung (22) übergeht in

$$\Sigma K = \frac{q\,l_n^2}{4}(\mathfrak{L}_n + \mathfrak{L}'_n) = \mathfrak{H}' \cdot \frac{q\,l_n^2}{4}(\gamma_n \cdot \gamma'_n) \quad . \; . \quad (22\,a)$$

Wird die Vereinfachung eines für die ganze Riegelachse konstanten Trägheitsmomentes getroffen und $\cos\varphi = 1$ gesetzt so kann X auf rechnerischem Wege rascher bestimmt werden.

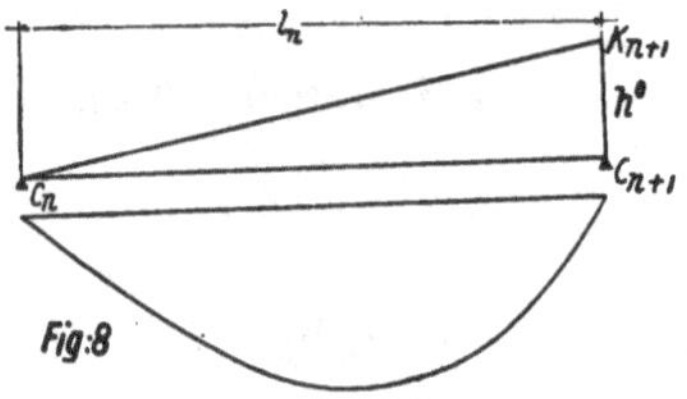

Fig: 8

Durch schrittweises Vorgehen vom Endfelde aus können zunächst die k-Werte berechnet werden zu

$$\varkappa_n = \frac{l_n}{2\,(l_{n-1} + l_n) - \varkappa_{n-1}\,l_{n-1}}$$

und

$$\varkappa'_n = \frac{l_n}{(2 l_n + l_{n+1}) - \varkappa'_{n+1}\,l_{n+1}}$$

Durch Einsetzen dieser Werte und der mittels Gleichung (11) gefundenen $\mathfrak{f}$-Werte in Gleichung (14) können die F- und F′-Werte ermittelt und Ausdrücke

$$\mathfrak{L}_n = \frac{\varkappa_n}{1 - \varkappa_n \varkappa'_n}(F_n - \varkappa'_n\,F'_{n+1})$$

und

$$\mathfrak{L}'_n = \frac{\varkappa'_n}{1 - \varkappa_n\,\varkappa'_n}(F'_{n+1} - \varkappa_n\,F_n)$$

gebildet werden.

Wird wieder $\mathfrak{H}' = \frac{h^0\,l_n}{6}$ angenommen, so ist $\frac{l_n}{t'_n} = 1$ und $b = \frac{h^0}{\mathfrak{H}'}\left(\frac{l_n \cdot a}{6} - \frac{a^3}{6\,l_n}\right) = \frac{a\,(l_n - a)\,(l_n + a)}{l_n^2}$. Wird wieder $\mathfrak{M}_n = \frac{P \cdot a\,(l_n - a)}{l_n}$ eingeführt und werden die Lastangriffspunkte auf Balkenmitte bezogen, so erhalten wir $P \cdot b = \mathfrak{M}_n \left(\frac{3}{2} + \frac{u}{l_n}\right)$.

In gleicher Weise läßt sich $P \cdot c = \mathfrak{M}_n \left(\frac{3}{2} - \frac{u}{l_n}\right)$ ableiten.

Für eine Einzellast im Feld $l_n$ lautet daher Gleichung (18)

$$\Sigma K = -\mathfrak{L}_n \mathfrak{M}_n \left(\frac{3}{2} - \frac{u}{l_n}\right) - \mathfrak{L}'_n \mathfrak{M}_n \left(\frac{3}{2} + \frac{u}{l_n}\right)$$

$$= -\mathfrak{M}_n \cdot \left[\frac{3}{2}(\mathfrak{L}_n + \mathfrak{L}'_n) + \frac{u}{l_n}(\mathfrak{L}'_n - \mathfrak{L}_n)\right] \quad . \quad . \quad (24)$$

Für gleichförmige Belastung läßt sich wieder

$$\Sigma K = q \frac{l_n}{4} (\mathfrak{L}_n + \mathfrak{L}'_n) \quad . \quad . \quad . \quad . \quad . \quad (24a)$$

ableiten.

## 4. Berechnung des Nenners von X.

Soll die Einflußlinie für X nach dem Verfahren von Mohr bestimmt werden, so muß das statisch unbestimmte Hauptsystem zunächst mit $X = -1$ und mit den durch diese Kraft bedingten Vertikalreaktionen $A^v$, $V_1$, $V_2$ . . . $B^v$, deren Größen noch unbekannt sind, belastet werden. Die dadurch erhaltene Momentenfläche (Fig. 1) setzt sich aus der Rahmenfläche zusammen und einem von dieser abzuziehenden Polygone, dessen Ecken den Stützpunkten entsprechen, welches aber im übrigen noch unbestimmbar ist. Wird mit dieser Momentenfläche ein wagerechter Stab A — B belastet gedacht, so ist die so erhaltene Momentenfläche die elastische Linie des Stabes. Da wir aber die X-Linie, also die Biegelinie, bereits kennen, so sind wir in der Lage, von dieser auf die Momentenfläche zurückzuschließen. Die angenommene Starrheit der Stützen bedingt, daß die Schlußlinie durch die den Stützpunkten entsprechenden Punkte der Biegelinie verläuft. Geht daher (Fig. 9) im Felde $l_n$ die durch die V-Kräfte erzeugte Momentenlinie durch die Punkte $K_n$ und $\varkappa_{n_1}$, so wird die diesem Felde entsprechende Biegelinie durch Belastung eines einfachen Balkens von der Länge $l_n$ mit der Fläche $K_n - E'_n - E'_{n+1} - K_{n+1}$ gefunden. Diese setzt sich zusammen aus der Rahmenfläche $C_n - E'_n - E'_{n+1} - C_{n+1}$, deren Biegelinie bereits nach Fig. 3 gezeichnet werden kann und Ordinaten $p^0$ ergibt, und aus den beiden Dreiecken $C_n - K_n - C_{n+1}$ und $C_n - K_{n+1} - C_{n+1}$, deren Höhen $h_n$ und $h_{n+1}$ zu bestimmen sind. In Fig. 5 wurde für $\varDelta C_n - K'_n - C_{n+1}$, dessen Höhe $\overline{C_n - K'_n} = h^0$ sei, mit der Polweite $\mathfrak{H}'$ die Biegelinie konstruiert und deren Ordinaten zu c gefunden. Wäre $h^0$ die wahre Höhe des Dreiecks $C_n - K'_n - C_{n+1}$, wäre also $\overline{C_n - K'_n} = \overline{C_n - K_n}$, so müßte, falls die $p^0$-Linie mit der Polweite $\mathfrak{H}$ konstruiert worden (Fig. 3), $p = c \cdot \frac{\mathfrak{H}'}{\mathfrak{H}}$ sein. Da aber, um p zu erhalten, c mit $\gamma_n$ multipliziert werden mußte, so ist die wahre Höhe des Belastungsdreieckes $\overline{C - K_n} = h_n = h^0 \gamma_n \cdot \frac{\mathfrak{H}}{\mathfrak{H}'}$. Ebenso mußte zur Gewinnung von $p'$ b mit $\gamma'_n$ multipliziert werden, so daß die Höhe des Dreieckes $C_n - C_{n+1} - K_{n+1}$ $h_{n+1} = h^0 \cdot \gamma'_n \cdot \frac{\mathfrak{H}}{\mathfrak{H}'}$ beträgt. Wird Feld $l_{n+1}$ untersucht, so wird $h_{n+1}$ zu $h^0 \cdot \gamma_{n+1} \cdot \frac{\mathfrak{H}}{\mathfrak{H}'}$ gefunden. Da $h_n$, $\mathfrak{H}$ und $\mathfrak{H}'$ unveränderliche Größen sind, muß notwendigerweise auch $\gamma_n = \gamma'_n$ sein. Die doppelte Bestimmung dieser Werte für jede Mittelstütze liefert eine wertvolle Kontrolle der Zeichnung.

Ist die Berechnung unter Voraussetzung eines über das ganze Feld konstanten Trägheitsmomentes durchgeführt worden, so ist nach Gleichung (22)

$$\gamma_n = \frac{\mathfrak{Q}_n}{y'} = \frac{\mathfrak{Q}_n \cdot 6}{h^0 l_n}$$

Ist $h^0 = h_n$, so wird $\gamma_n = 1$. Daraus ergibt sich

$$h_n = \frac{6\,\mathfrak{Q}_n}{l_n} \quad \ldots\ldots\ldots \quad (25)$$

und ebenso wird gefunden

$$h_n = \frac{\mathfrak{Q}'_{n+1}}{l_{n+1}} \quad \ldots\ldots\ldots \quad (25\,a)$$

Werden alle auf die Art bestimmten Strecken h in die Fig. 1 übertragen und werden ihre Endpunkte durch einen Linienzug verbunden, so stellt die von diesem Linienzuge und der Riegelachse eingeschlossene Fläche die Momentenfläche infolge $X = -1$ dar.

Nachdem h bestimmt ist, sind wir auch in der Lage, N zu berechnen. Zu diesem Zwecke zerlegen wir das erste Integral von Gleichung (6a) in Teilintegrale, die sich je auf die beiden Außenstiele und die Riegelteile erstrecken, und schreiben auch die Flächenwerte $\mathfrak{L}$ und $\mathfrak{R}$ in der ursprünglichen Form der Gleichung (4) an. Wir erhalten alsdann:

$$N = \int_0^{s_0} \frac{\mathfrak{J}^0}{\mathfrak{J} \sin\varphi} y^2 dy + \int_0^{r+1} \frac{\mathfrak{J}^0}{\mathfrak{J} \sin\varphi} y^2 dy + \int_0^{l_0} y y' dx + \ldots + \int_0^{l_n} y y' dx$$

$$+ \int_0^{l_r} y y' dx - h_1 \int_0^{l_0} \frac{x}{l_0} y' dx - h_1 \int_0^{l_1} \frac{(l_1 - x)}{l_1} y' dx - h_2 \int_0^{l_1} \frac{x}{l_1} y' dx - \ldots$$

$$- h_n \int_0^{l_n} \frac{l_n - x}{l_n} \cdot y' dx - h_{n+1} \int_0^{l_{n+1}} \frac{x y' dx}{l_{n+1}} - \ldots - h_r \int_0^{l_r} \frac{l_r - x}{l_r} y' dx \qquad (26)$$

Fassen wir die auf das Riegelfeld $l_n$ bezüglichen Integrale zusammen, so erhalten wir

$$R_n = \int_0^{l_n} y' dx \left[ y - \frac{h_n (l_n - x)}{l_n} - h_{n+1} \frac{x}{l_n} \right] = \int_0^{l_n} y' dx \cdot \eta. \qquad \text{(Fig. 9.)}$$

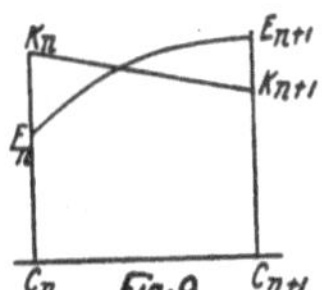

Fig. 9

Dieses Integral dürfen wir als das statische Moment der auf der verzerrten Riegelachse vereinigt gedachten Momentenfläche für $X = -1$ in bezug auf die Kämpferlinie ansehen. Zerlegen wir daher dieselbe in eine Anzahl Streifen, deren Flächeninhalt wir in den entsprechenden Punkten der verzerrten Riegelachse als Kräfte angreifen lassen, so können wir das gesuchte statische Moment zeichnerisch finden.

Eine viel einfachere Beziehung besteht, wenn die Riegelachse zwischen den Stützpunkten geradlinig verläuft. Werden dann die Ordinaten der Momentenfläche infolge $X = -1$ über den Stützpunkten mit

$$\eta_0 = s_0;\ \eta_1 = s_1 - h_1;\ \ldots\ \eta_r = s_r - h_r;\ \eta_{r+1} = s_{r+1}$$

bezeichnet, so ist für eine Ordinate des Feldes $l_n$:

$$\eta = \frac{l_n - x}{l_n} \cdot \eta_n + \frac{x}{l_n}\, \eta_{n+1}$$

und

$$R_n = \eta_n \int_0^{l_n} y' dx \frac{l_n - x}{l^n} + \eta_{n+1} \int_0^{l_{n+1}} y' dx \frac{x}{l_n} = \eta_n \mathfrak{L}_n + \eta_{n+1} \mathfrak{R}_n$$

$$\int \frac{\mathfrak{O}^0 \cdot y^2 dy}{\mathfrak{O} \cdot \sin \varphi}$$

kann als das statische Moment der Dreiecksfläche A D D′ (Fig. 10) in bezug auf den Säulenfußpunkt aufgefaßt werden. Wird daher $\Delta$ A D D′ in wagerechte Streifen zerlegt, und werden diese als

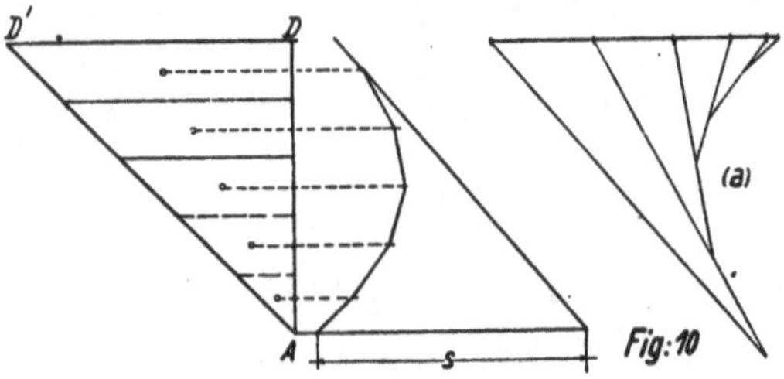


Fig: 10

horizontale Kräfte angesehen, so kann zu ihnen mit Hilfe der Polfigur (10 a) ein Seileck gezeichnet werden, wobei zu beachten ist, daß die Polseite jedesmal mit

$$\frac{\mathfrak{O}^0}{\mathfrak{O} \cdot \sin \varphi}$$

zu multiplizieren ist. Wir erhalten dann

$$\int \frac{\mathfrak{O}^0 \cdot y^2 dy}{\mathfrak{O} \cdot \sin \varphi} = S = s \cdot \mathfrak{H}''$$

wenn mit $\mathfrak{H}''$ die Polweite für

$$\frac{\mathfrak{O}^0}{\mathfrak{O} \cdot \sin \varphi} = 1$$

und mit s die Strecke bezeichnet wird, welche die äußersten Seilstrahlen auf der Kämpferlinie abschneiden.

Fassen wir alle Beiträge zusammen, so erhalten wir

$$N = S_0 + S_{r+1} + \sum_0^r R \quad \ldots\ldots \quad (28)$$

Für einige häufig vorkommende Fälle wurden unter der Annahme eines konstanten Trägermomentes die Ordinaten h sowie $\Sigma$ R berechnet und in der beiliegenden Tabelle zusammengestellt.

Ist der Horizontalschub bekannt, so bietet die Berechnung der Momente, Querkräfte und Stabkräfte sowie die Konstruktion ihrer Einflußlinien keine weiteren Schwierigkeiten. Im übrigen sei auf die Beispiele verwiesen.

(Siehe Tabelle Seite 28 und 29.)

Die Berechnung wagerechter Kräfte werden wir mit der Untersuchung des

## 5. Horizontal belasteten Hauptsystems

einleiten und dabei die Sonderfälle betrachten (Fig. 11), daß a) die Kraft an der Endstütze, b) an einem Riegel oder c) an einem mit dem Riegel starr verbundenen Stabe angreift.

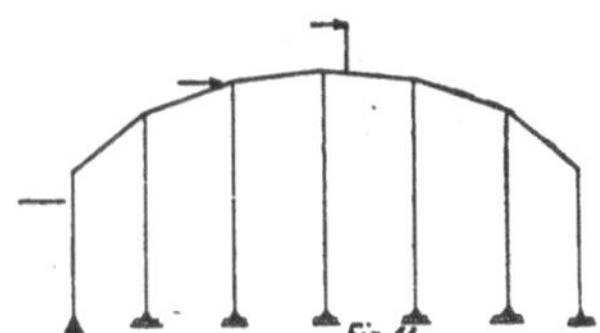
Fig. 11

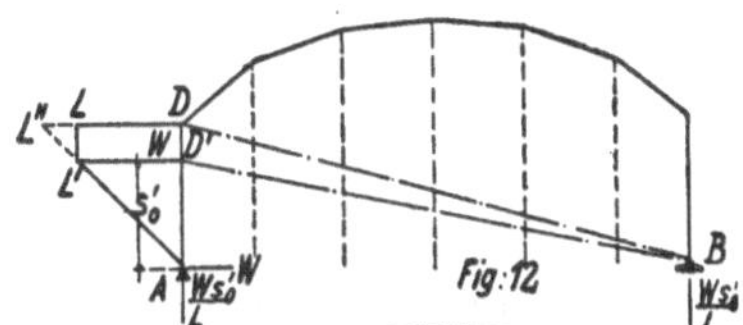

Fig. 12

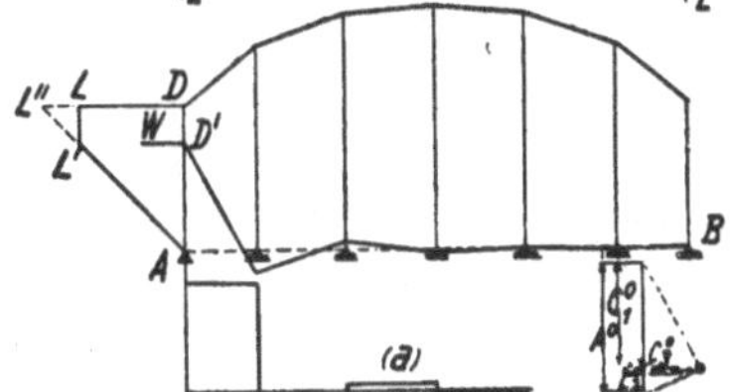

Fig. 13

Das feste Auflager werden wir zweckmäßig auf der den Kräften zugekehrten, also hier auf der linken Seite wählen.

a) Greift die Kraft W in D', im Abstande $s'_0$ von A, an und denken wir uns zunächst die Zwischenstützen beseitigt (Fig. 12), so erfordert das Gleichgewicht in A eine Horizontalkraft W und einen nach abwärts gerichteten Auflagerdruck $\frac{W \cdot s'_0}{L}$ und in B eine gleich große aufwärts gerichtete Reaktion. Diese Kräfte bedingen die Momentenflächen A D L L' A für die linke Stütze und A D' B für den Riegel. Bemerkenswert ist, daß die Momente von der Form der Riegelachse unabhängig sind. Fügen wir nun die Zwischenstützen ein (Fig. 13), so

| Rahmenform | Werte für h und Σ R |
|---|---|
| 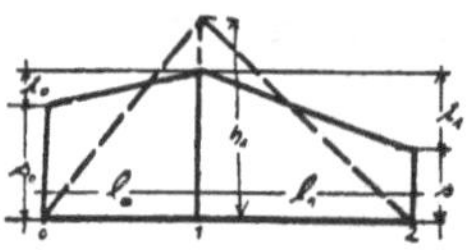 | $h_1 = (\tfrac{3}{2} s_0 + t_0)\frac{l_0}{l_0+l_1} + (\tfrac{3}{2} s_2 + t_2)\frac{l_1}{l_0+l_1}$<br>$\Sigma R = \frac{s^2_0\, l_0}{4} + \frac{s^2_2\, l_1}{4} + \frac{t_2 - t^0}{4}\, l_0$<br>$\left(s_1 - \frac{t_2\, l_0}{3\,(l_0+l_1)} - \frac{to\, l_1}{3\,(l_0+l_1)}\right)$ |
| 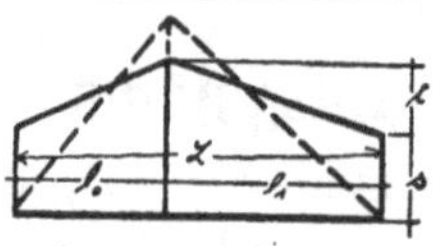 | $h_1 = \tfrac{3}{2} s_0 + t$<br>$\Sigma R = \frac{s^2 \cdot \mathfrak{L}}{4}$ |
| 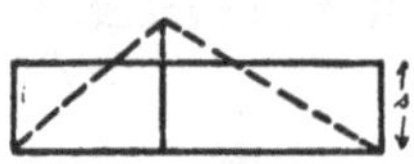 | $h_1 = \tfrac{3}{2} s$<br>$\Sigma R - \frac{s^2\, \mathfrak{L}}{4}$ |
| 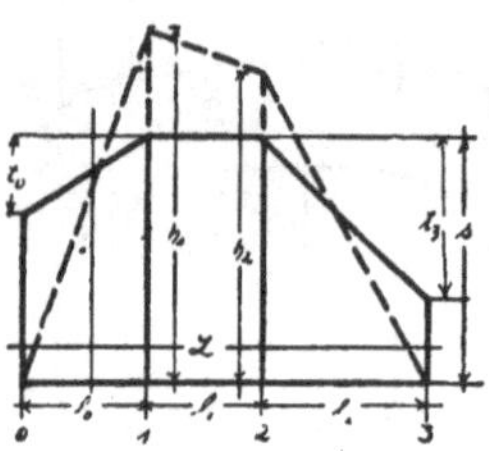 | $h_1 = \frac{3\,s}{k}(l_1 + l_2)(2\,l_0 + l_1)$<br>$- \frac{2\,t_0 + l_0}{k}(l_1 + l_2) + \frac{t_3\, l_1\, l_2}{k}$<br>$h_2 = \frac{3\,s}{k}(l_s + l_1)(l_1 + 2\,l_2) + \frac{t_0\, l_0\, l_1}{k}$<br>$- \frac{2\,t_3\, l_2\,(l_0 + l_1)}{k}$<br>$\Sigma R = \frac{s^2 \mathfrak{L}\,[(l_0 + l_1)(l_1 + l_2) - l_1{}^2)]}{k}$<br>$- s\,t_0\, l_0 \left[1 - \frac{2\,l_0 + l_1}{k}(l_1 + l_2)\right]$<br>$- s\,t_3\, l_2 \left[1 - \frac{l_1 + 2\,l_2}{k}(l_0 + l_1)\right]$<br>$+ \frac{t_0{}^2 l_0}{3}\left[1 - \frac{l_0 (l_1 + l_2)}{k}\right]$<br>$+ \frac{t_3^2\, l_2}{3}\left[1 - \frac{l_2 (l_0 + l_1)}{k}\right] + \frac{t_0\, t_3\, l_0\, l_1\, l_2}{3 \cdot k}$<br>$k = 4\,(l_0 + l_1)(l_1 + l_2) - l_1{}^2$ |

| Rahmenform | Werte für h und $\Sigma$R |
|---|---|
| 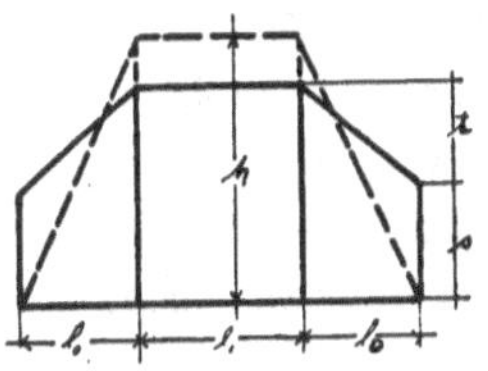 | $h_1 = h_2 = \frac{3s}{k^1}(l_0+l_1)(2l_0+l_1) - \frac{l_0 t}{k^1}(2l_0+l_1)$<br>$= \frac{2l_0+l_1}{k^1}[3s(l_0+l_1) - t l_0]$<br>$\Sigma R = \frac{s^2(2l_0+l_1)(l_0+2l_1)l_0}{k^1}$<br>$- 2stl_0\left[1-\frac{2l_0+l_1}{k^1}(l_0+l_1)\right]$<br>$+ \frac{l_0 t_2}{3}\left[2 - l_0\frac{2l_0+l_1}{k^1}\right]$<br>$k^1 = 4(l_0+l_1)^2 - l_1^2$ |
| 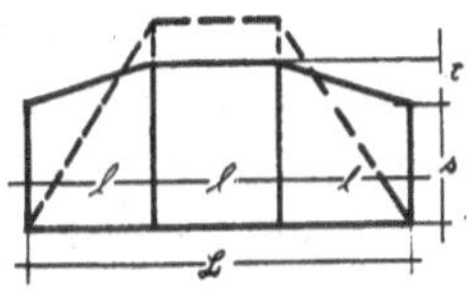 | $h_1 = h_2 = \frac{6}{5}s^0 - t$<br>$\Sigma R = \frac{s_0^2 \mathfrak{L}}{5}$ |
| 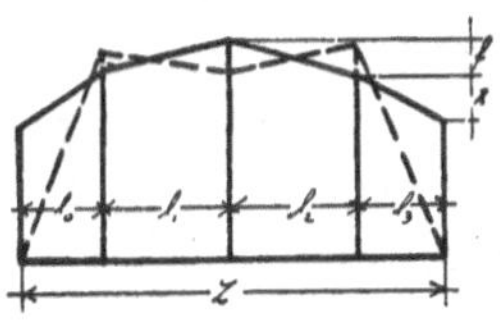 | $h_1 = h_3 = \frac{3s(2l_0+l_1)-4tl_0}{4l_0+3l_1}$<br>$h_2 = \frac{3s(l_0+l_1)+tl_0}{4l_0+3l_1} + \mathfrak{f}$<br>$\Sigma R = \frac{l_0}{4l_0+3l_1}s_0^2\mathfrak{L} + \frac{2\mathfrak{f}^2 l_1}{3}$ |
| 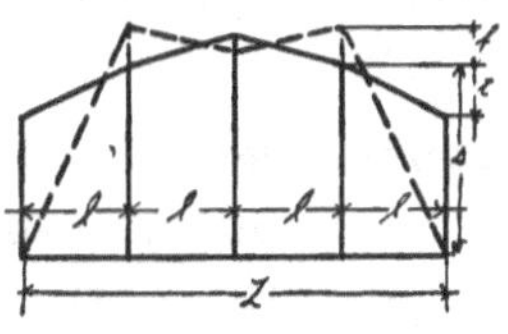 | $h_1 = h_3 - \frac{9s-2t}{7}$<br>$h_2 = \frac{6s+t}{7}$<br>$\Sigma R = \mathfrak{L}\left(\frac{s^2}{7}+\frac{\mathfrak{f}^2}{6}\right)$ |
| 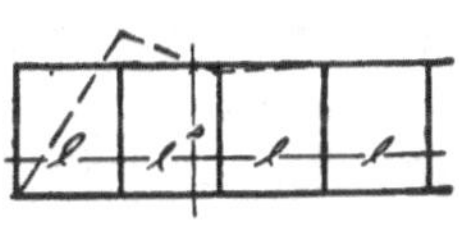 | $h_1 = 1{,}27\,s$ $\quad h_2 = 0{,}93\,s$<br>$h_3 = 1{,}02\,s$ $\quad h_4 = 1{,}00\,s$<br>$\Sigma R = 0{,}56\,s^2 l$ |

müssen die Momentenlinien des Riegels durch die Festpunkte gehen, da die Riegel selbst unbelastet sind; das Moment in D' beträgt $W \cdot s'_0$. Greift die Last in D an, so bildet die Momentfläche der Stütze das Dreieck A D L'' A, und der Anfangspunkt der Momentlinien für den Riegel rückt nach D.

Sobald die Momentlinie bekannt ist, können aus dieser die Querkräfte in einfacher Weise bestimmt werden, indem mit Hilfe von Polstrahlen die Auflagerdrucke aufgesucht werden. Damit sind aber auch die Querkräfte selbst bekannt, da sie sich bei horizontaler Belastung von Stütze zu Stütze nicht ändern. Ihr Vorzeichen wechselt von Feld zu Feld (Fig. 13a).

Um die Wirkung der Horizontalkraft auf einen Punkt der Riegelachse zu untersuchen, möge zunächst ein einfacher Rahmen mit beliebig gebrochenem Riegel betrachtet werden. Greift die Kraft in S an (Fig. 14), so darf sie in eine senkrechte Kraft $W \cdot \tan\beta_s$ und in eine Kraft in Richtung $\overline{RT}$ zerlegt werden, die wieder nach R verlegt werden kann, um dort in eine Kraft in Richtung P—R und in die Vertikalkraft $W(\tan\beta_s - \tan\beta_r)$ zerlegt zu werden. Wird dieser Vorgang an jedem Knickpunkt wiederholt, so erhält man schließlich eine in D angreifende Horizontalkraft W und eine Anzahl vertikaler Kräfte $W \operatorname{tg}\beta_s$; $W \cdot (\tan\beta_s - \tan\beta_r) \ldots$ $W \cdot (-\tan\beta_0)$, die mit Ausnahme der ersten, im ursprünglichen Angriffspunkte S von W wirkenden Kraft $W \cdot \tan\beta_s$ sämtlich in den Brechpunkten der Riegelachse angreifen.

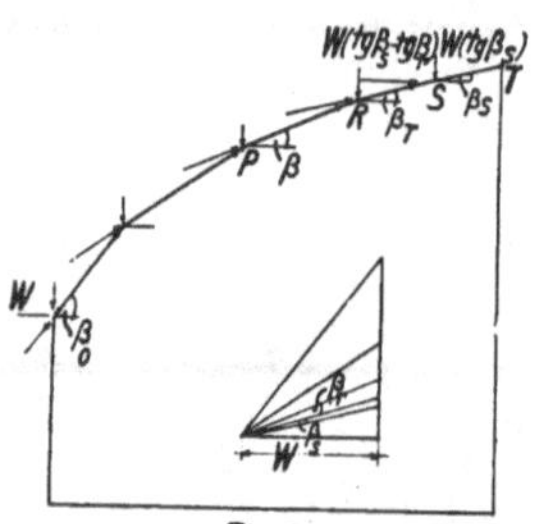

Fig. 14

Das eben beschriebene Verfahren ist nichts anderes als eine Anwendung des elementaren Satzes, eine Kraft in eine Parallelkraft und in ein Moment zu zerlegen, welch letzteres in eine Gruppe paralleler Kräfte aufgelöst wurde. Hierbei sind jedoch nur die Momente für jeden Punkt der Rahmenachse unverändert geblieben, dagegen dürfen die Ersatzkräfte zur Berechnung der Querkräfte nicht benützt werden. Diese müßten vielmehr aus der ursprünglichen Belastung abgeleitet werden. Da sie wohl stets von nur untergeordneter Bedeutung sein dürften, so kann hierbei auf die Berücksichtigung des Zusammenhanges der einzelnen Rahmenfelder verzichtet werden.

Verläuft die Riegelachse zwischen den Stützen geradlinig und wird die Annahme gemacht, daß die Horizontalkräfte nur in den Knotenpunkten angreifen, so ist die gesamte Horizontalbelastung des Riegels nach D zu verlegen und die weitere Berechnung gemäß a auszuführen, während die Vertikalkompenenten, da sie keine Beiträge zu den Momenten liefern, unberücksichtigt bleiben.

Ist die Riegelachse parabolisch gekrümmt (Fig. 15), so lassen sich für eine gleichmäßig verteilte Horizontalbelastung (Winddruck) einfache Beziehungen ableiten. Die Scheitelgleichung lautet, wenn die Abszissen nach links und die Ordinaten nach unten positiv genommen werden, $y = \frac{4f}{l^2} \cdot x^2$ und die Gleichung der Tangente

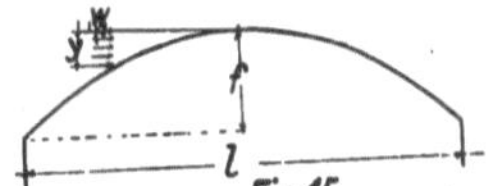

Fig. 15

$$\operatorname{tang} \varphi = \frac{dy}{dx} = \frac{8f}{l^2} x,$$

so daß der Unterschied zweier benachbarten Tangenten

$$\operatorname{tang} \varphi' - \operatorname{tang} \varphi = \frac{8f}{l^2} dx$$

beträgt. Jede Belastung, die oberhalb (x, y) den Bogen angreift, liefert zur Vertikalkomponente an dieser Stelle den gleichen Beitrag, ohne Rücksicht auf ihre besondere Lage. Ist die Belastung oberhalb (x, y) gleich $w \cdot y$, so beträgt die Vertikalkomponente an dieser Stelle $\frac{w \cdot 8f}{l^2} y\, dx$. Die gesamte Belastung darf daher in eine in D angreifende Horizontalkraft $W = f \cdot w$ und in eine Vertikalbelastung zerlegt werden, die gleich der $\frac{8f}{l^2} \cdot w$-fachen, von der linken Bogenachse und der Scheiteltangente eingeschlossenen Fläche ist.

In ähnlicher Weise läßt sich zeigen, daß eine Einzellast W durch eine Streckenlast vom $W \cdot \frac{8f}{l^2}$ zu ersetzen ist, die sich vom Auflager bis zum Lastangriffspunkt zu erstrecken hat.

c) Schließlich möge die Horizontalkraft noch an einem starren Stabe angreifen, der mit der Riegelachse des Feldes $l_n$ an der Stelle M steif verbunden ist. Bezeichnen wir den lotrechten Abstand dieser Kraft von M mit k, so können wir diese durch eine Kraft $W' = W$ und ein Moment $M^w = W \cdot k$, die beide in M angreifen, ersetzt denken. Die durch W' hervorgerufenen Momente und Querkräfte sind wir zu berechnen bereits in der Lage und haben daher nur noch den Einfluß des Momenten $M^W$ zu untersuchen.

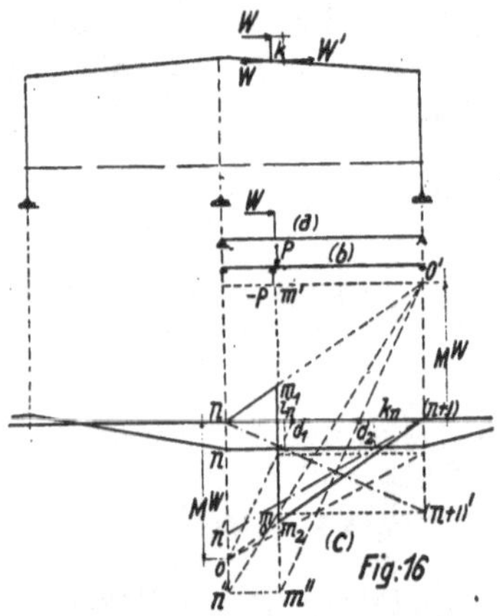

Fig. 16

Ist der Balken $l_n$ auf den Stützen frei gelagert (Fig. 16a), so verursacht das Moment M die in Fig. 16c eingetragene Momentenfläche $n - m_1 - m_2 - (n+1)$.

Bemerkenswert daran ist der Momentensprung bei m und daß auch hier die Form der Riegelachse keinen Einfluß auf die Momente nimmt. Wird der Balken $l_n$ mt den Nebenbalken zu einem kontinuierlichen Träger verbunden, so treten die Stützenmomente $M_n$ und $M_{n+1}$ auf. Um diese nach der Methode von Ritter zu finden, müssen die Kreuzlinien bestimmt werden. Denken wir uns zu diesem Zwecke M durch zwei unendliche große, entgegengesetzt gerichtete Kräfte $P = P'$ im Abstande d a voneinander ersetzt (Fig. 16b), so schneidet nach Gleichung (17), wenn der Balken mit $-P$ belastet ist, die Kreuzlinie auf der rechten Stützensenkrechten die unendlich große Strecke

$$-\Gamma = -P \cdot c \frac{l_n}{t_n}$$

ab. Ebenso ist infolge von $+P$:

$$\Gamma + d\Gamma = +P(c+dc)\frac{l_n}{t_n}$$

Es muß daher, da beide Kräfte gleichzeitig wirken,

$$\overline{n-n'} = c' = d\Gamma = P\cdot dc\cdot\frac{l_n}{t_n} = M^W\cdot\frac{dc}{da}\cdot\frac{l_n}{t_n}$$

gemacht werden. Wie aus Figur 5 ersichtlich, ist $\frac{dc}{da}$ die Tangente der Biegelinie und $\frac{dc}{da}\cdot l_n$ die Querkraft des mit der Dreieckfläche belasteten Balkens. Um $c'$ zu finden, machen wir in Figur 5 auf der durch t gelegten Horizontalen $t-t' = M^W$, ziehen in Figur 5a durch den Zentralpol o eine Wagerechte, die das Krafteck in h trifft und legen durch diesen Punkt eine Parallele $\overline{g-g}$ zur Geraden $\overline{n-t'}$. Ziehen wir durch den Zentralpol eine Parallele zur Tangente in m', die das Krafteck in $h_1$ trifft, so ist $\overline{h-h_1}$ die Querkraft in m. Legen wir schließlich noch durch $h_1$ eine Wagerechte, die die Gerade g—g in $g_1$ trifft, so folgt aus der Ähnlichkeit von $\varDelta n-t-t'$ und $\varDelta h-h_1-g_1$, daß

$$\overline{g_1-h_1} = c' = M^W\cdot\frac{dc}{da}\cdot\frac{l_n}{t_n}$$

In gleicher Weise kann aus der b-Linie b' gefunden werden. Übertragen wir die Strecken b' und c' in die Figur 16, so finden wir die Punkte n' und (n + 1), und können in bekannter Weise die Schlußlinie konstruieren.

Wird für jedes Feld mit einem konstanten Trägheitsmoment gerechnet, so nehmen die Gleichungen für b' und c' einfache Formen an. Werden Gleichung (23a) und (23b) differenziert, so erhalten wir

$$\frac{db}{da} = \frac{h^0}{\mathfrak{H}'}\left(\frac{l_n}{6} - \frac{a^2}{2l_n}\right)$$

Dies in Gleichung (29) eingesetzt, ergibt mit Berücksichtigung von $t'_n = \frac{l_n^2 h^0}{6\mathfrak{H}}$,

$$\overline{n-n'} = b' = M^W\left(1 - \frac{3a^2}{l_n^2}\right) \quad . \quad . \quad . \quad . \quad (30$$

Ebenso wird eine Strecke

$$\overline{(n+1)-(n+1)'}=c'=M^W\left(1-\frac{3a'^2}{l_n^2}\right)=M^W\left(2-\frac{6a}{l_n}+\frac{3a^2}{l_n^2}\right)$$

gefunden. Zu dem gleichen Ergebnis kann man natürlich auch gelangen, wenn man das statische Moment der M-Fläche in bezug auf die Stützensenkrechten berechnet.

Bemerkenswert ist, daß bei Belastung durch ein Moment die sich ergebenden Gleichungen um einen Grad niedriger sind als bei Belastung durch eine Einzellast. Da die Einflußlinien für wandernde Einzellasten im allgemeinen Gleichungen dritten Grades, so ergeben sich die Einflußlinien für eine Momentenbelastung zu Parabeln, die leicht konstruiert werden können.

Danach sind wir in der Lage, in einfacher Weise b′ und c′ für ein Moment M, das den Balken in m angreift, zu konstruieren (Fig. 16 c). Zu dem Zwecke bestimmen wir die Drittelpunkte $d_1$ und $d_2$ und verlängern die Momentenlinien bis zur Stützensenkrechten durch n und (n + l), die in o und o′ geschnitten werden. Von o′ aus ziehen wir eine Gerade durch $d_2$ und eine Horizontale, welche auf der Senkrechten durch m eine Strecke $m'-m_2=\frac{M^W 3a'}{l_n}$ abschneiden. Die Verbindungslinie von n″, das auf der Horizontalen durch m″ liegt, mit o trifft die m-Linie in m°. Die Horizontale durch m° bestimmt auf der rechten Stützensenkrechten die Strecke $\overline{o'-(n+l)'}$ $=\frac{M 3a'^2}{l_n^2}$. Demnach ist

$$\overline{(n+1)-(n+1)'}=M^W-M^W\cdot\frac{3a'^2}{l^2}=c'$$

Greift $M^W$ an der linken Stütze an (Fig. 17), so besteht die $\mathfrak{M}_n$-Linie aus dem Dreieck n — n′ — (n + 1). Ferner ist $\frac{db\cdot l_n}{da}=t'_n$ und $db'=\mathfrak{M}_n$, so daß eine Kreuzlinie mit der $\mathfrak{M}_n$-Linie zusammenfällt und das Biegungsmoment in dem rechten Festpunkt $k_n$ gleich Null wird. Wird, diesen Satz benützend, die $\mathfrak{M}_n$-Linie gleich durch $k_n$ gelegt und die Konstruktion nach Figur 18 ausgeführt, so lassen sich die Momente unmittelbar von der Horizontalen abgreifen. Selbstverständlich muß die Konstruktion der Momentlinie für den auf der rechten Stütze mit $M^W$ belasteten Balken $l_{n-1}$ zum gleichen Ergebnisse führen. Figur 19 stellt die Momente für ein in $(n+1)$ angreifendes Moment $M^W$ dar.

Die Berechnung der Querkräfte, die auch in diesem Falle sich nur von Feld zu Feld ändern, erfolgt wie für den Belastungsfall (a).

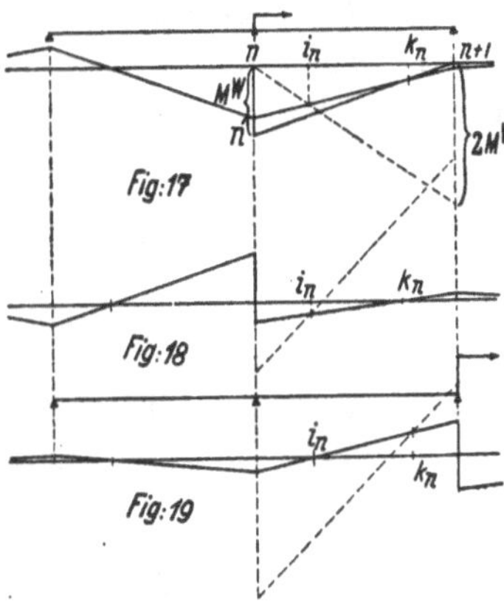


Da die Momente $M^W$ auch von Bremskräften herrühren können, so erscheint es wünschenswert, Einflußlinien für dieselben abzuleiten. Ihre genaue Bestimmung unter Berücksichtigung eines veränderlichen Trägheitsmomentes ist sehr umständlich und soll nur der Vollständigkeit wegen erwähnt werden. Es wird jedoch stets zulässig sein, sie durch Parabeln, die sich für konstantes Trägheitsmoment ergeben, zu ersetzen.

Nach Gleichung (17) ist

$$M_n = \frac{\varkappa_n}{1 - \varkappa_n \varkappa'_n} (c' - \varkappa'_n b') \cdot$$

$b'$ und $c'$ können, wie auf Seite 19 gezeigt wurde, für verschiedene Laststellungen aus Polfiguren (5) abgegriffen werden. Wird demnach für eine Anzahl von Laststellungen von einer Horizontalen aus $c'$ aufgetragen und davon $\varkappa'_n b'$ abgezogen (Fig. 20), so stellt die Verbindungslinie der so erhaltenen Punkte die Einflußlinie für $M^W$ mit dem Multiplikator $\frac{\varkappa_n}{1 - \varkappa_n \varkappa'_n}$ dar. In gleicher Weise ist bei $M_{n+1}$ vorzugehen.

Das Moment an einer beliebigen Stelle m zwischen n und $(n+1)$ ist

$$M^0 = \mathfrak{M}_n - M_n \frac{a'}{l_n} - \frac{M_{n+1}\, a}{l_n} \quad . \; . \; . \; . \quad (31)$$

Bewegt sich die Last von n nach m, so ist

$$\mathfrak{M}_n = + M^w \frac{a'}{l_n}$$

Überschreitet die Last m, so springt $\mathfrak{M}_n$ plötzlich auf $- M^w \frac{a}{l_n}$ und behält diesen Wert für jede Laststellung zwischen m und (n + l). Figur 21, in der die Einflußlinie für $M^w$ dargestellt ist, bedarf keiner weiteren Erklärung.

Ist die Einflußlinie für eine beliebige Stelle m unter Annahme eines konstanten Trägheitsmomentes gesucht, so handelt es sich zunächst darum

$$M^m = M_n \cdot \frac{a'}{l_n} + M_{n+1} \cdot \frac{a}{l_n}$$

zu bestimmen. Werden die Gleichungen (30) und (30a) in Gleichung (17) eingesetzt, so ergeben sich die Gleichungen der Stützenmomente, wenn $\xi$ statt a geschrieben wird, zu:

$$M_n = \frac{\varkappa_n}{1 - \varkappa_n \varkappa'_n} M^w \left[ (2 - \varkappa'_n) - 6 \frac{\xi}{l_n} + 3 \frac{\xi^2}{l_n^2} (1 + \varkappa'_n) \right]$$

und

$$M_{n+1} = \frac{\varkappa'_n}{1 - \varkappa_n \varkappa'_n} M^w \left[ (1 - 2 \varkappa_n) + 6 \varkappa_n \frac{\xi}{l_n} - 3 \frac{\xi^2}{l_n^2} (1 + \varkappa_n) \right] \quad (32)$$

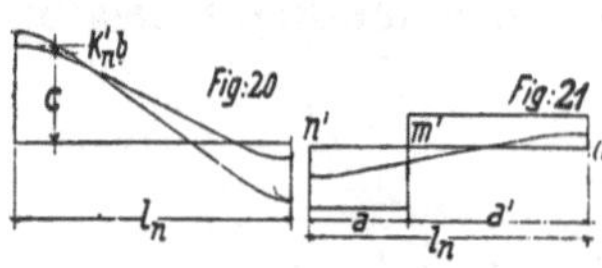


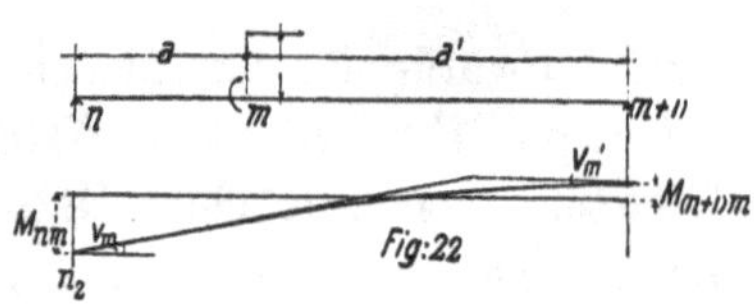


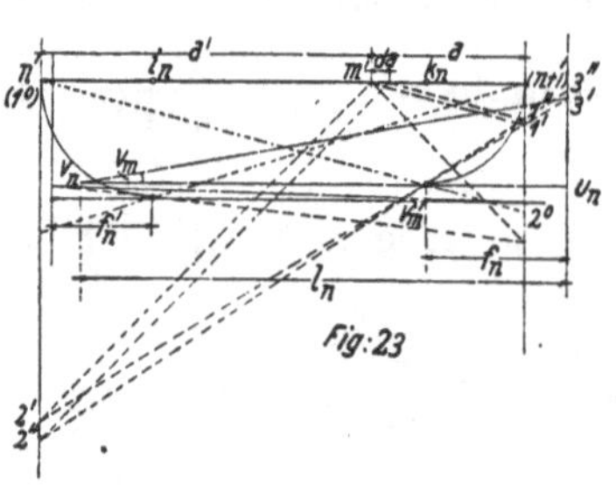


Die Einflußlinien von $M_n$ und $M_{n+1}$ sowie auch diejenigen von $M_m$ sind Parabeln. Um diese zu konstruieren, genügt es, zwei Punkte und ihre Tangenten zu bestimmen. Greift das Moment $M^w$ in n und (n + l) an, so können $M_{nm}$ und $M_{(n+1)m}$ aus den Figuren 18 und 19 abgegriffen werden (Fig. 22). Die Tangenten an die Einflußlinie müssen der Bedingung genügen

$$\operatorname{tang} \zeta_m = \frac{d M_m}{d \xi} = \frac{d M_n}{d \xi} \cdot \frac{a'}{l_n} + \frac{d M_{n+1}}{d \xi} \cdot \frac{a}{l_n} \quad (33)$$

Durch Differenziation von Gleichung (32) nach $\xi$ erhält man die Gleichungen der Tangenten von $M_n$ und $M_{n+1}$ zu

$$\left.\begin{aligned} \operatorname{tang} \zeta_n &= \frac{d\,M_n}{d\,\xi} \frac{\varkappa_n}{1-\varkappa_n \varkappa'_n} M^W \left[-\frac{6}{l_n}+\frac{6\,\xi}{l_n^2}(1+\varkappa_n)\right] \\ &\text{und} \\ \operatorname{tang} \zeta_{n+1} &= \frac{d\,M_{n+1}}{d\,\xi} = \frac{\varkappa'_n}{1-\varkappa_n \varkappa'_n} M^W \left[\frac{6\,\varkappa_n}{l_n}-\frac{6\,\xi}{l_n^2}(1+\varkappa_n)\right] \end{aligned}\right\} \quad . \quad (34)$$

wird hierin zuerst $\xi = 0$, dann $\xi = l_n$ gesetzt, so ergeben sich die Größen der Tangenten in n bzw. $(n+1)$ zu:

$$\left.\begin{aligned} &\operatorname{tang} \nu_n = -\frac{K_n}{1-K_n K'_n} \cdot \frac{6\,M^W}{l_n} \text{ und } \operatorname{tang} \nu_n = \frac{K_n K'_n}{1-K_n K'_n} \cdot \frac{6\,M^W}{l_n} \\ &\text{bzw. } \operatorname{tang} \nu_{n+1} = \frac{K_n K'_n}{1-K_n K_n} \cdot \frac{6\,M^W}{l_n} \text{ und } \operatorname{tang} \nu'_{n+1} = -\frac{K'_n}{1-K_n K'_n} \frac{6\,M^W}{l_n} \end{aligned}\right\} (35)$$

Bemerkenswert ist, daß $\operatorname{tang} \nu'_n = \operatorname{tg} \nu_{n+1}$.

Setzt man die Gleichung (33) zuerst für $\xi = 0$, dann für $\xi = l_n$ die Werte der Gleichungen (35) ein, so erhält man für die Einflußlinie von $M_m$ an den Stellen n und $(n+1)$ die Tangenten

$$\left.\begin{aligned} \operatorname{tang} \nu_{nm} &= \operatorname{tang} \nu_{nn} \cdot \frac{a'}{l_n} + \operatorname{tang} \nu_{n+1} \frac{a}{l_n} = -\frac{1}{1-\varkappa_n \varkappa'_n} \cdot \frac{6\,M^W}{l_n} \cdot \frac{a'-\varkappa'_n a}{l_n} \\ \text{und } \operatorname{tang} \nu'_{n} \cdot &= \operatorname{tang} \nu'_n \cdot \frac{a'}{l_n} + \operatorname{tang} \nu'_{n+1} \frac{a}{l_n} \\ &= -\frac{1}{1-\varkappa_n \varkappa'_n} \cdot \frac{6\,M^W}{l_n} \cdot \frac{a-\varkappa_n a'}{l_n} \end{aligned}\right\} (36)$$

Ersetzen wir in Figur (7) $(F_n - \varkappa' F'_{n+1})$ durch $6\,M^W$, so erhalten wir eine Strecke $f_n = \frac{\varkappa_n}{1-\varkappa_n \varkappa'_n} \cdot 6\,M^W$. — In gleicher Weise wird auch $f'_n = \frac{\varkappa_n}{1-\varkappa_n \varkappa'_n} 6\,M^W$ bestimmt, so daß Gleichung (36) übergeht in:

$$\left.\begin{aligned} \operatorname{tg} \nu_m &= -\frac{f_n}{l_n} \cdot \frac{a'-\varkappa'_n a}{l_n} \\ \operatorname{tg} \nu'_m &= -\frac{f'_n}{l_n} \cdot \frac{a-\varkappa_n a'}{l_n} \end{aligned}\right\} \quad . \; . \; . \; . \; . \; (36\,a)$$

Machen wir in Figur (23) auf der Senkrechten durch $k_n$ $\overline{k_n - O} = d'$ und legen durch n' und o eine Gerade, so daß

$$k'_n = \frac{d'}{e'} = \operatorname{tg} \sphericalangle k - n' - o,$$

vertauschen ferner die Abschnitte a und a', so daß m nach $\overline{m'}$ zu liegen kommt, und ziehen von m eine Parallele zu $\overline{n' - o}$, die die rechte Stützensenkrechte in 1' und eine Linie unter 45°, die die linke Stützensenkrechte in 2' trifft, und verbinden die Punkte 1 und 2 durch eine Gerade, so schließt diese mit der Horizontalen einen Winkel ein, dessen Tangente $\frac{a' - \varkappa'_n a}{l_n}$ beträgt. — Wiederholen wir diese Konstruktion für einen Punkt m im Abstande da von m, so erhalten wir die Punkte 1'' und 2''. Aus der Figur geht hervor, daß $\overline{1' - 1''} = \varkappa'_n$ da und $\overline{2' - 2''} - =$ da.

Das Verhältnis $(1' - 1'') : (2' : 2'') = \varkappa'_n$ ist konstant, es müssen daher alle Verbindungslinien von zugehörigen Punkten 1 und 2 durch einen Zentralpol gehen, der von der rechten Stützensenkrechten den Abstand $\varkappa'_n \cdot e' = d'$ hat. Anderseits fällt für $a' = o$ die Verbindungslinie $\overline{1^0 - 2^0}$ mit der Geraden $\overline{n' - o}$ zusammen. Der Zentralpol liegt somit in O. Bewegt sich der Punkt m von n nach (n + l), so bilden die Verbindungslinien zugehöriger Punkte 1 und 2 ein Strahlenbüschel mit dem Pol O.

Um für einen beliebigen Punkt m $\sphericalangle \mu$ zu bestimmen genügt es, bloß einen der Punkte 1 und 2 aufzusuchen und ihn mit $\overline{O}$ zu verbinden. Wird noch auf einer Horizontalen durch $\overline{u_n - o}$ gleich $f_n$ und $\overline{v_n - u_n} = l_n$ gemacht und durch $u_n$ eine Lotrechte gezogen, die die Strahlen $\overline{2 - o}$ in 3 treffen, so schließen die Strahlen $\overline{v_n - 3}$ mit den Horizontalen die gesuchten $\sphericalangle$ ein, die dann, in die Figur 22 sinngemäß übertragen, die Tangente in (n) an die parabolischen Einflußlinien liefern. In gleicher Weise gelangt man unter Benutzung von Pol o zu Winkel $\nu'_m$.

Wir sind nunmehr imstande, die Parabel zu zeichnen und erhalten in Verbindung mit der Einflußfläche von $\mathfrak{M}_m : n_2 - m_1 - m_2 - (n + 1)_2$ die gesuchte Momentenfläche an der

Riegelstelle m für ein von n nach (n + 1) sich bewegendes Angriffsmoment.

Wird die Einflußlinie für die Stützenmomente gesucht, so ergeben sich die Winkel unmittelbar aus der Beziehung

$$\operatorname{tg} \nu_n = \frac{f_n}{l_n}; \quad \operatorname{tg} \nu_{n+1} = \operatorname{tg} \nu'_n = \frac{\varkappa'_n f_n}{l_n}; \quad \operatorname{tg} \nu'_{n+1} = \frac{f'_n}{l_n}$$

Die $M_n$-Linie ist gleichzeitig Einflußlinie für alle links von n und ebenso die $M_{n+1}$-Linie für alle rechts von (n + l) liegenden Querschnitte, wobei ein Multiplikator hinzutritt, der gleich ist dem Verhältnisse des Momentes an der betreffenden Stelle zu $M_n$ bzw. $M_{n+1}$.

Bewegt sich das Angriffsmoment über den Riegel, so werden auch die Querkräfte einer Veränderung unterworfen, und es liegt die Frage nahe, welche Strecken zu belasten sind, damit die Querkraft eines bestimmten Feldes ein Maximum oder Minimum wird. Befindet sich M im selben Felde wie der fragliche Querschnitt, so hat die Querkraft stets das gleiche Vorzeichen, und zwar ist sie negativ für ein rechtsdrehendes und positiv für ein linksdrehendes Moment. Liegt der zu untersuchende Querschnitt dagegen außerhalb des belasteten Feldes,

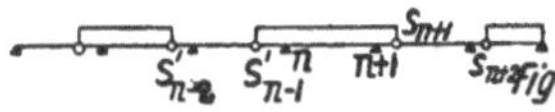

Fig: 25

so ist seine Querkraft direkt proportioniert dem ihm zugewandten Stützmoment des Belastungsfeldes (Fig. 25). Es lassen sich nun durch Versuch leicht die Stellen s finden, an denen ein belastendes Moment das Stützenmoment O erzeugt. Diese Stellen sind dann Belastungsscheiden. Greift M zwischen (n + 1) und $s_{n+1}$ rechtsdrehend an, so ist M negativ, im Felde $l_n$ nehmen die Momente von links nach rechts ab, die Querkraft ist wieder negativ. Greift dagegen M zwischen $s_{n+1}$ und $s_{n+2}$ an, so ist M positiv und damit Q positiv. Überschreitet M die Belastungsscheide $s_{n+2}$, so wechselt die Querkraft abermals das Vorzeichen. In gleicher Weise werden für die Felder links von $l_n$ Punkte s' bestimmt.

Daraus ergibt sich folgende Belastungsregel:

Um die extremen Werte der Querkraft des Feldes $l_n$ zu finden, werden in den anliegenden Feldern die Belastungsscheiden aufgesucht. Soll für rechtsdrehendes $M_{min} \cdot Q_n$ bestimmt werden (Fig. 25)$_t$ so ist Feld $l_n$ über die Stützen hinaus bis $s_{n+1}$ und $s'_{n-1}$ zu belasten und sind die Strecken zwischen den Belastungsscheiden abwechselnd unbelastet und belastet zu lassen. Wird dagegen $_{max}Q_n$ gesucht, so ist die Belastung in entgegengesetzter Weise vorzunehmen. Es ist selbstverständlich, daß auch hier die Querkraft mit der Entfernung von belasteten Felde rasch abnimmt.

## 6. Berechnung der Bogenkraft für wagerechte Kräfte.

Nachdem die Momente infolge seitlicher Belastung des Hauptsystems festgestellt worden, läßt sich leicht der Kämpferdruck X bestimmen, der auftritt, sobald auch das Gleitlager der anderen Außensäule festgemacht wird. Da das erste Glied von Gleichung (6) zur Bestimmung von X für beliebig gerichtete

$$\int \frac{\mathfrak{O}^0}{\mathfrak{O}} M^0 y \, dz$$

Belastung gilt, so läuft die Aufgabe darauf hinaus zu bestimmen.

Im Belastungsfalle (a) zerlegen wir dieses Integral in

$$\int \frac{\mathfrak{O}^0}{\mathfrak{O}} M^0 y \frac{dy}{\sin\varphi} + \int \frac{\mathfrak{O}^0}{\mathfrak{O}^0} M^0 y \frac{dx}{\cos\varphi}.$$

Über die rechte Außenseite ist das Integral nicht mehr zu erstrecken, da diese von keinem Momente $M^0$ ergriffen wird. Setzen wir im ersten Integral $M^0 = W\eta$ und bestimmen

$$\int \frac{\mathfrak{O}^0 \eta y \, dy}{\mathfrak{O} \sin\varphi}$$

nach Anleitung von Figur (10), indem wir im Kräfteplan $y \varDelta y$ durch $\eta \varDelta y$ ersetzen, so erhalten wir

$$\int \frac{\mathfrak{O}^0}{\mathfrak{O} \sin\varphi} M^0 y \, dy = W \cdot S'_0.$$

Im besonderen Falle das W in D angreift, geht $S'_0$ in $S_0$ über. Das zweite Integral beträgt gemäß Gleichung (14a) $M^0 \cdot F'_0 \cdot = W \cdot s'_0 F'_0$. Bei der Berechnung ist zu beachten, daß $\mathfrak{f}_0$ nur aus dem einen $\mathfrak{L}_0$ besteht. Wir können somit anschreiben:

$$X = W \cdot \frac{S_0 + s'_0 F'_0}{N} \quad . \; . \; . \; . \; . \; (37)$$

Im Belastungsfalle (b), der auf Fall (a) und eine Anzahl lotrechter Kräfte zurückzuführen ist, kann X nach dem bereits an früheren Stellen Ausgeführten bestimmt werden.

Wird der Riegel von einem Momente $M^W$ ergriffen, so setzt sich die M-Fläche ähnlich zusammen, wie bei lotrechter Belastung. Wir können daher wieder schreiben:

$$X = \int_0^{l_n} \frac{\mathfrak{M}_n y' dx - M_n F_n - M_{n+1} F'_{n+1}}{N}$$

$$= \frac{\mathfrak{H}}{N} \left\{ \int_0^{l_n} \frac{\mathfrak{M}_n y' dx}{\mathfrak{H}} - \frac{M_n \cdot F_n}{\mathfrak{H}} - M_{n+1} \cdot \frac{F'_{n+1}}{\mathfrak{H}} \right\} \quad . \; . \; . \; . \; (38)$$

Mit Rücksicht auf Figur 26 ist

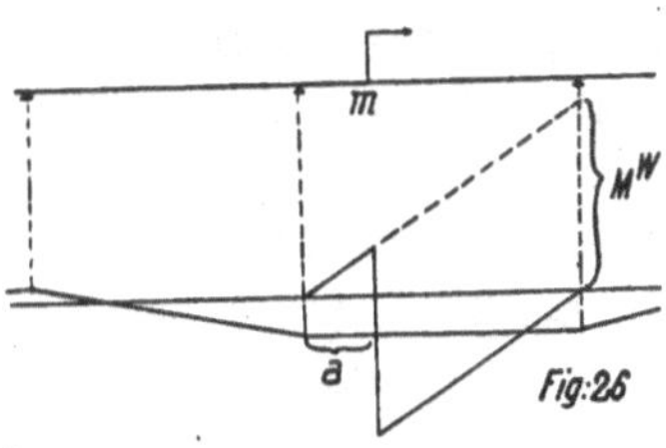


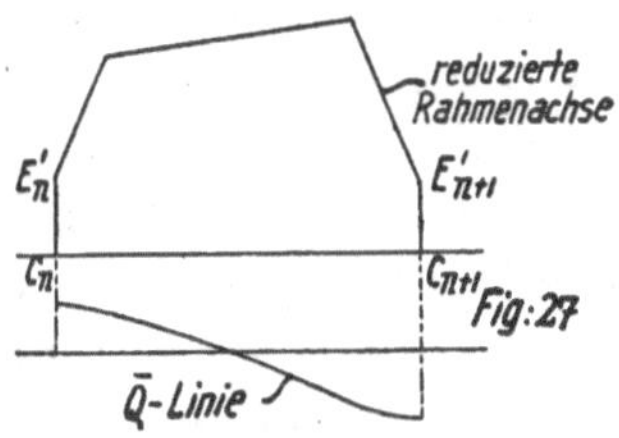


$$\int M y' dx = \int_0^{l_n} M^W \cdot \frac{l_n - x}{l_n} \cdot y' dx - \int_0^a M^W y' dx$$

$$= M^W \left\{ \int_0^{l_n} \frac{l_n - x}{l_n} y' dx - \int_0^a y' dx \right\} = \overline{Q} \cdot M^W \quad . \; . \; (39)$$

In Figur 26 wurde ein rechtsdrehendes Moment angenommen; wirkt es dagegen im anderen Sinne, so ist das Vorzeichen von $M^W$ negativ zu nehmen. $\overline{Q}$ stellt die Querkraft eines mit der reduzierten Riegelfläche belasteten einfachen Balken am Angriffspunkte von $M^W$ dar (Fig. 27). Da für jede beliebige Belastung sämtliche Größen bekannt sind, kann X berechnet werden. Im besonderen Falle, daß M in einem Stützpunkt (n) angreift (Fig. 18), nimmt X den einfachen Wert an:

$$X = \pm (M^W - M_n) \cdot \overline{F}_n \mp M_n \overline{F}'_n \quad . \quad . \quad . \quad . \quad (40)$$

wenn durch den vorgesetzten Index die unvollständigen Flächenwerte $\overline{F} = \mathfrak{R}_{n-1} - \varkappa_{n-1} F'_{n-1}$ und $\overline{F}'_{n+1} = \mathfrak{L}_n - \varkappa'_{n+1} F'_{n+1}$ angedeutet sind. Das obere Vorzeichen gilt für ein rechtsdrehendes, das untere für ein linksdrehendes Angriffsmoment.

Ist das Trägheitsmoment und die Neigung der Riegelachse gegen die Kämpferlinie konstant (Fig. 4), so ist

$$\overline{Q} = \frac{s_n l_n}{6} - \frac{s_n a^2}{2 l_n} + \frac{s_{n+1} l_{n+1}}{6} - \frac{s_{n+1} \cdot a'^2}{2 l_n} .$$

Die Einflußlinie für $\int \frac{M^0 y' dx}{\mathfrak{H}}$ ist demnach eine Parabel. Da ferner auch die Einflußlinien der mit den Koeffizienten $\frac{F_n}{\mathfrak{H}}$ und $\frac{F'_{n+1}}{\mathfrak{H}}$ behafteten Momente $M_n$ und $M_{n+1}$ Parabeln sind, so ist auch die Einflußlinie von X eine Parabel. Um dieselbe konstruieren zu können, genügt es, ihre Ordinaten und Tangenten in den Stützpunkten zu bestimmen, was in bekannter Weise ausgeführt wird.

Um die Momenteinflußlinie an einer beliebigen Stelle der Riegelachse zu erhalten, muß von der Einflußlinie des Hauptsystems die $\eta$-fache Einflußlinie von X abgezogen werden; unter $\eta$ ist das Moment infolge $X = -1$ zu verstehen. Für die Mittelfelder ist der Einfluß von X so gering, daß er ohne erheblichen Fehler vernachlässigt werden kann.

Solange es sich um ständige Belastung handelt, ist es zulässig, in der beschriebenen Weise die Belastung in die Teile a, b, c zu zerlegen, dieselben einzeln zu untersuchen und die berechneten Wirkungen zuletzt zu summieren.

Dies ist jedoch nicht mehr angängig, wenn eine wandernde, exzentrisch angreifende Horizontalkraft, z. B. eine Bremskraft B zu untersuchen ist. Wird diese in ein Moment $M^B$, in lotrechte Kräfte und in eine an der Außenstütze angreifende Horizontalkraft zerlegt, so übt die letztere in einem bestimmten Querschnitte stets die gleiche Wirkung, sei es als Moment oder als Querkraft, aus, wo immer sich auch die wandernde Kraft B befinden mag. Da ferner die Vertikalkomponenten in der Regel von so untergeordnetem Einflusse sind, daß sie vollständig vernachlässigt werden können, so wird die Momenteneinflußfläche dadurch erhalten, daß zunächst die Einflußlinie von $M^B$ gezeichnet und dann ihre Abszissenachse um die Größe des Moments infolge der an der Außenstütze angreifenden Kraft B parallel verschoben wird.

Sollen die extremen Werte der Querkraft gefunden werden, so sind als Belastungsscheiden die Punkte zu bestimmen, für welche die Querkraft infolge $M^B$ entgegengesetzt gleich ist derjenigen infolge der an der Außenstütze angreifenden Kraft B, oder für welche $Q^M + Q^B = 0$. Ist daher beispielsweise im zu untersuchenden Felde $l_n$ $Q^B$ negativ, so sind in den Feldern rechts von $l_n$ die Punkte aufzusuchen, für welche $M^B$ so groß wird, daß es im Felde $l_n$ die positive Querkraft Q bedingt. Der Einfluß dieser Felder wird jedoch bald so gering, daß bei deren Belastung die Querkraft in $l_n$ unter dieser Grenze bleibt. Je nachdem dann der Kleinst- oder der Größtwert gesucht wird, sind diese Felder voll zu belasten oder unbelastet zu lassen.

## 7. Nachgeben der Widerlager und Temperaturspannungen.

Bisher wurde stets vorausgesetzt, daß die Säulenköpfe wohl in der Richtung der Kämpferachse elastische Bewegungen ausführen können, dagegen in der Vertikalachse unverschieblich sind. Nun soll sich die Untersuchung auch noch auf den Einfluß einer gegebenen Stützensenkung erstrecken, die durch Nachgeben der Widerlager, ungleiches Erwärmen der Säulen oder durch Zusammendrücken derselben infolge einer Belastung entstehen können. Da die Zusammendrückung der Säulen infolge einer veränderlichen Belastung der Riegelachse von ganz geringem Einflusse auf die in Frage stehenden Konstruktionen ist, darf auf eine genaue Berechnung, die mit sehr großen Schwierigkeiten verknüpft ist, verzichtet werden. Es erscheint vielmehr gestattet, die Riegelachse so zu belasten, daß die

Zusammendrückung der Stützen möglichst groß wird, und danach die Zusatzspannungen zu bestimmen, wobei jedenfalls ein Fehler zugunsten der Sicherheit begangen wird.

Die Konstruktion der Momentenfläche, die durch gegebene Stützensenkungen verursacht wird, ist bekannt und kann z. B. nach Ritter, Graph. Statik III Nr. 20, ausgeführt werden. Durch Multiplikation der gefundenen Stützenmomente mit den zugehörigen Flächenwerten wird die Bogenkraft zu

$$X = \frac{\Sigma M^0 \mathfrak{f}}{N}$$

bestimmt und die dadurch erzeugte Momentenfläche von der ersteren, der $M^0$-Fläche, abgezogen.

Geben die Außenstützen um $\Delta L$ nach und wird der Riegel gleichmäßig um $t_0$ erwärmt, so beträgt die Bogenkraft:

$$X_{\Delta L, t_0} = (-\Delta L + \alpha t_0 L) \cdot \frac{\varepsilon^0 \text{Ɔ}^0}{N}$$

während das Hauptsystem selbst unbelastet bleibt.

Wird der Riegel ungleichmäßig erwärmt, so daß zwischen der obersten und untersten Faser eine Temperaturdifferenz von $\Delta t = t^0 - t^u$ herrscht, so erfährt auch das Hauptsystem Spannungen. Werden nämlich die Zwischenstützen beseitigt gedacht, so würde sich die Riegelachse kreisförmig nach oben verbiegen und sich annähernd um

$$f = \frac{\alpha \cdot \Delta t x (L - x)}{2 h_b}$$

heben, wobei x den Abstand eines Punktes der Riegelachse von einer der Außenstützen bedeutet. Da die Zwischenstützen die Riegelachse an dieser Aufwärtsbewegung hindern, so wirken sie ebenso, als ob sich im spannungslosen Zustand die Stützpunkte um das gleiche Maß f gesenkt hätten (Ritter, Graph. Statik III Nr. 20).

Werden die Fußpunkte der Außenstützen unverschieblich gemacht, so tritt die Bogenkraft hinzu. Ist der Temperaturunterschied $\varDelta t$ und die Balkenhöhe $h_b$ konstant und wird $\cos \cdot \varphi = 1$ gesetzt, so geht obige Gleichung über in

$$X_{\varDelta t} = \frac{\Sigma^0 \mathfrak{O}^0 \alpha}{N} \cdot \frac{\varDelta t}{h_b} \cdot \int_0^L y\, dx \,.$$

$\int_0^L y \cdot dx$ stellt die Rahmenfläche dar.

## II. Mehrstielige Rahmen, deren sämtliche Stützen Momente übertragen können.

Durch die übliche Annahme, daß die Innensäulen auf Gleitlagern ruhen, oder daß sie, was statisch gleichwertig ist, als Pendelsäulen ausgebildet sind, werden eine Reihe von Fehlerquellen in die Berechnung eingeführt, die wohl für die Beurteilung der Momente und Querkräfte des Riegels von geringer Bedeutung sind. In den Außenstützen erscheinen dagegen die Momente, namentlich die durch Horizontalkräfte und Temperaturspannungen erzeugten, zu groß, während die Spannungen in den Zwischenstielen überhaupt nicht bestimmbar sind.

Es erscheint daher wünschenswert, eine schärfere Berechnungsweise anzuwenden, die wir mit der Untersuchung eines

## 8. Rahmen mit zwei unverschieblich gelagerten Mittelstützen

einleiten wollen. Der Gang der Berechnung ist hierbei der gleiche wie in Nr. 3 und 4, jedoch ist zu beachten, daß das Integral der Gleichung (3) und der übrigen aus dieser abgeleiteten Gleichungen sich nur auf den Teil des Riegels zwischen den festen Stützen erstreckt.

Denken wir uns daher beispielsweise das Feld ($l_n$), das sich zwischen den unverschieblichen Stützen k und p befinden möge, lotrecht belastet (Fig. 28), so liefern die Momentenflächen links von k und rechts von p keine Beiträge zu $\int M^0 y' dx$. Die

Beiträge der Stützenmomente k bis n können gemäß Nr. 3 angeschrieben werden zu:

$$\sum_k^p K = \mathfrak{L}_k M_k + \mathfrak{f}_{k+1} M_{k+1} + \ldots \mathfrak{f}_n M_n \quad \ldots \ldots \ldots (43)$$

Die graphische Berechnung erfolgt in gleicher Weise wie in Figur 43, mit dem einzigen Unterschiede, daß mit $\mathfrak{L}_k$ begonnen wird, welches an Stelle von $F_k$ tritt. In gleicher Weise wird mit den Beiträgen rechts vom belasteten Felde verfahren. Der Beitrag $\overline{K}$ der Momentenfläche des einfachen Balkens $l_n$ erfährt keine Veränderung. Ebenso bietet die Berechnung der Strecken $v_n$ und $v'^{*}_n$ der Koeffizienten $\gamma_n$ und $\gamma'_n$ sowie schließlich die Konstruktion der Einflußlinie für Feld $l_n$ gegenüber dem in Nr. 3 Ausgeführten keine weitere Abweichung. Wir sind nunmehr auch imstande, die Stützenmomente $M^v_k$, $M^v_{k+1}$ $\ldots M^v_p$ infolge $X = -1$, bzw. die Ordinaten $h_k, h_{k+1} \ldots h_p$ zu bestimmen.

Fig: 28

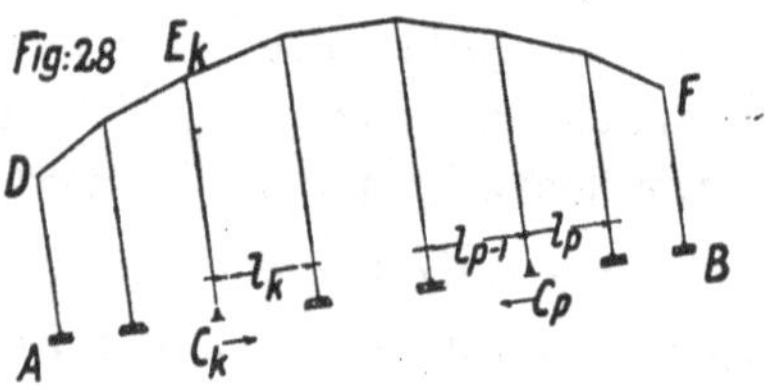


Liegt die Last dagegen außerhalb der festen Stützen, z. B. im Feld $l_p$, so liefern die von $M_{p+1}$ abhängigen Momentenflächen sowie diejenigen des einfachen Balken $l_p$ keine Beiträge zu $\int M^0 y' dx$, so daß letzteres in der einfachen Form $F.M_p$ ausgedrückt werden kann. Mit Anwendung von Gleichung (17) erhalten wir

$$\int_k^p M^0 y' dx = \frac{F \cdot \varkappa_p}{1 - \varkappa_p \varkappa'_p} (c' - \varkappa'_p b') \quad \ldots (44$$

Die belastende Momentenfläche, die die Einflußlinie von $l_n$ erzeugt, besteht demnach aus zwei Dreiecken, die im entgegengesetzten Sinne wirken, und deren Höhen $h_p$ und $h_{p+1}$ sich zueinander wie $\varkappa'_p$ verhalten. Der Festpunkt $k_p$ ist daher Nullpunkt der Belastungsfläche. Ist $h_p$ bereits für Feld $l_{p-1}$ gefunden worden, so kann $h_{p+1}$ unmittelbar bestimmt werden. Mittels der gleichen Überlegung können dann der Reihe nach $h_{p+2}$, $h_{p+3} \ldots h_r$ gezeichnet werden. Demnach ist die Einflußlinie Biegelinie zu einer belastenden Momentenfläche, die aus der Rahmenfläche zwischen den festen Stützen und aus einem durch neue Ordinaten h festgelegten Polygone besteht. Dieses Polygon erstreckt sich über die festen Stützen hinaus auf die ganze Riegelachse. —

Da die Integrale in Gleichung (3) Geltung haben, solange ihre Grenzen zwischen den Stützpunkten k und p liegen, läßt sich leicht nachweisen, daß der Nenner der Gleichung (6a) den Wert annimmt:

$$N = S_k + S_p + \sum_k^{p-1} R \quad \ldots \ldots \quad (45$$

Für den in der Folge wichtigen Fall, daß die Stützen nur ein Feld ($l_k$) einschließen, vereinfacht sich die Gleichung des Horizontalschubes zu

$$X = \frac{1}{N} (\mathfrak{L}_k M_k + \mathfrak{R}_k M_{k+1} + \Sigma P \cdot G_m) \quad \ldots \quad (46$$

mit $$N = S_p + S_{k+1} + R_k \quad \ldots \ldots \quad (46a$$

Die Bestimmung von $h_k$ und $h_{k+1}$ erfolgt nach Figur 5, indem an die Stelle von $F_k$ und $F'_{k+1}$ die Strecken $\mathfrak{L}$ und $\mathfrak{R}$ treten. Damit ist auch die gesamte Momentenfläche infolge $X = 1$ bekannt, da der weitere Verlauf der Momentenlinie durch die Festpunkte festgelegt ist.

Wird das System mit horizontalen Kräften belastet, so sind jetzt alle am Riegel und an den Außenstützen angreifenden Kräfte, deren Summe W betragen möge, nach dem über $C_k$ gelegenen Punkte $E_k$ der Riegelachse zu verlegen. Wird als feste Stütze des Hauptsystems wieder die linke Stütze genommen, so besteht in $C_k$ die Reaktion W. Für den Stiel k ist die $M^0$-Fläche ein Dreieck von der Grundlinie $s_k$ und der Höhe $M^W = W \cdot s_k$ in $E_k$; sie liefert zu $\int M^0 y' dz$ den Beitrag $S_k$. Für die Riegelachse, die nur mit $M^W$ belastet ist, kann die $M^0$-Linie nach Figur 18 bestimmt und ihr Beitrag zu

$(M^W - M_k) \cdot F_k - M_k \cdot F'_{k+1}$ berechnet werden. Es ergibt sich somit die statische unbestimmbare Bogenkraft zu:

$$X_W = \frac{S_k + (M^W - M_k) \cdot F_k - M_k F'_k}{N} \quad . \; . \; . \quad (47$$

## 9. Rahmen mit beliebig vielen unverschieblich gelagerten Stützen.

Sind außer den Außensäulen noch die ersten k Zwischenstützen unverschieblich gelagert (Fig. 29), so treten in ihren Fußpunkten die Überzähligen $X^a$, $X_0$ . . . $X_{k-1}$ auf und in sämtlichen Stützen Auflagerdrücke $A^v$, $C_1$, $C_2$, $C_3$ . . . $C_r$, $B^v$, welche wieder in die von der Belastung abhängigen Balkenkräfte $A^0$, $C^0_1$, $C^0_2$ . . . $C^0_r$, $B^0$ und in Auflagerdrücke $A^v$, $V_1$, $V_2$ . . . $V_r$, $B^v$, von den statisch unbestimmten Größen herrührend, zu zerlegen sind. Die letzteren dürfen durch ihre Stützenmomente $M^v_1$, $M^v_2$ . . . $M^v_r$ ersetzt werden.

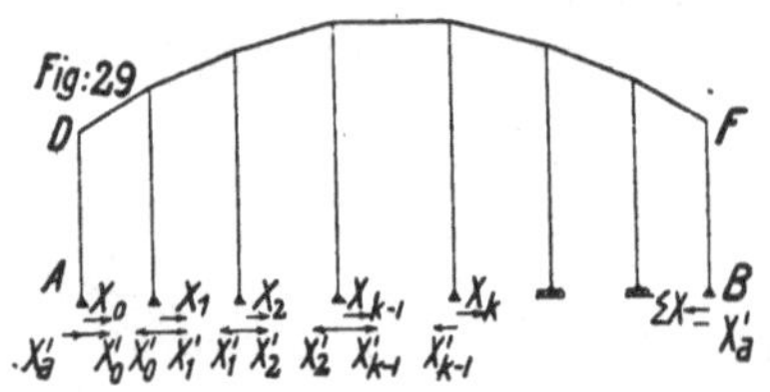

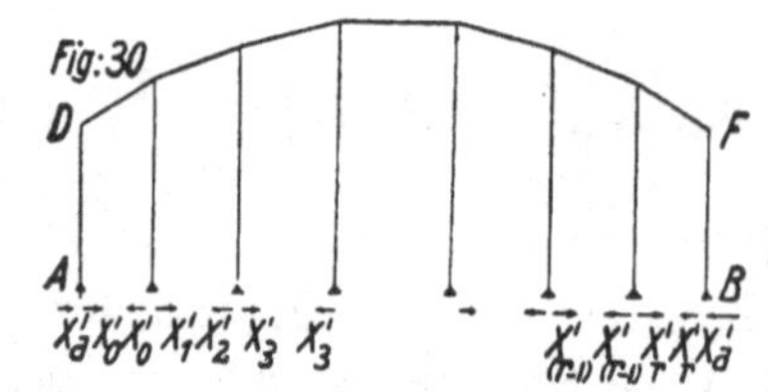

Es empfiehlt sich, die Bogenkräfte in der in Figur 29 angegebenen Weise durch (k + 1) Kräfte $X'_a$ $X'_0$ $X'_1$ . . . $X'_{k-1}$ zu ersetzen, so daß dann mit der weiteren Annahme, daß die Gelenkpunkte aller Stiele in einer Geraden liegen, die Momente der einzelnen Teile des Rahmens folgende Werte erhalten:

$$\left.\begin{array}{l} \text{Stiel A} : M = (X'_a + X'_0) \cdot y - M_0 \\ \text{Stiel } C_1 : M = (X'_0 - X'_1) \cdot y \\ \text{Stiel } C_2 : M = (X'_1 - X'_2) \cdot y \\ - - - - - - - - - - - - - - \\ - - - - - - - - - - - - - - \\ \text{Stiel } C_{k-1} M = (X'_{k-2} - X'_{k-1}) \cdot y \\ \text{Stiel } C_k \; M = X'_{k-1} \cdot y \end{array}\right\} \quad . \quad (48)$$

$$\left.\begin{array}{l}
\text{Stiel } C_{k+1} \text{ bis } C_r \; M = O \\
\text{Stiel B}: M = X'_a \cdot y \\
\text{Riegel } l_0: M = M^0 - X'_a \cdot y - X'_0 \cdot y + \mu_v \\
\text{Riegel } l_1: M = M^0 - X'_a \cdot y - X'_1 \cdot y + \mu_v \\
- - - - - - - - - - - - - - \\
- - - - - - - - - - - - - - \\
\text{Riegel } l_{k-1}: M = M - X'_a \cdot y - X'_{k-1} y + \mu_v \\
\text{Riegel } l_k: M = M^0 - X'_a \cdot y + \mu_v \\
- - - - - - - - - - - - - - \\
\text{Riegel } l_r: M = M^0 - X'_a \cdot y + \mu_v
\end{array}\right\} \quad . \quad (48)$$

Werden die Momente $\mu_v$ vorläufig als von den X'-Kräften unabhängig angesehen, so können durch partielle Differentiation nach den statisch unbestimmbaren Größen X (k + l) Bedingungsgleichungen aufgestellt werden. Wird zur Abkürzung wieder

$$\frac{\mathfrak{O}^0}{\mathfrak{O}\cos\varphi} \cdot y = y'; \quad \int \frac{\mathfrak{O}^0}{\mathfrak{O}\sin\varphi} y^2 \, dy = S \text{ und } \int y y' \, dx = R$$

gesetzt, so lauten die Bedingungsgleichungen:

$$\left.\begin{array}{l}
\frac{\partial M}{\partial X'_a} = (X'_a + X'_0) \cdot S_0 + X'_a \cdot S_{r+1} + X'_a \cdot \sum_0^r \int_0^l y y' \, dx \\
\quad + X'_0 \int_0^{l_0} y y' \, dx + X'_1 \int_0^{l_1} y y' \, dx + X'_{k-1} \int_0^{l_{k-1}} y y' \, dx - \int_0^L \mu^v y' \, dx \\
\qquad - \int_0^L M^0 y' \, dx - \int_0^{s_0} M^0 \cdot \frac{\mathfrak{O}^0}{\mathfrak{O}\cos\varphi} \cdot y \, dy = o \\
\frac{\partial M}{\partial X'_0} = (X'_a + X'_0) \cdot S_0 + (X'_0 + X'_1) S_1 + X'_a \int_0^{l_0} y y' \, dx \\
\quad + X'_0 \int_0^{l_0} y y' \, dx - \int_0^{l_0} \mu^v y' \, dx - \int_0^{l_0} M^0 y' \, dy - \int_0^{s_0} \frac{\mathfrak{O}^0}{\mathfrak{O}\cos\varphi} M^0 y \, dy = o \\
\frac{\partial M}{\partial X'_1} = (X'_1 - X'_0) \cdot S_1 + (X'_1 - X'_2) S_2 + X'_a \int_0^{l_1} y y' \, dx
\end{array}\right\} (49)$$

$$\left.\begin{aligned} &+X'_1\int_0^{l_1} y\,y'\,dx - \int_0^{l_1}\mu^v\,y'\,dx - \int_0^{l^1} M^0\,y'\,dy = 0 \\ \frac{\partial M}{\partial X'_2} &= (X'_2 - X'_1)\cdot S_2 + (X'_2 - X'_3)\,S_3 + X'_a\int_0^{l_2} y\,y'\,dx \\ &+X'_2\int_0^{l_2} y\,y'\,dx - \int_0^{l_2}\mu^v\,y'\,dx - \int_0^{l_2} M^0\,y'\,dx = 0 \end{aligned}\right\}\quad(49)$$

— — — — — — — — — — — — — — — — — —

— — — — — — — — — — — — — — — — — —

Werden nun die Momente $\mu^v$ wieder durch die Stützenmomente $M^v$ ausgedrückt, und diese in die von den einzelnen Bogenkräften X herrührenden Teile zerlegt, so erhalten wir

$$\left.\begin{aligned} &\int_0^{l_0}\mu^v\,y'\,dx = (M^v_{1a} + M^v_{10} + M^v_{11} + \dots M^v_{1(k-1)})\,\mathfrak{R}_0 \\ &\quad = (h_{1a}\,X'_a + h_{10}\,X'_0 + h_{11}\,X'_1 + \dots h_{1(k-1)}\,X'_{(k-1)})\cdot\mathfrak{R}_0 \\ &\int_0^{l^1}\mu^v\,y'\,dx = (M^v_{1a} + M^v_{10} + M^v_{11} + \dots M^v_{1(k-1)})\,\mathfrak{L}_1 + (M^v_{2a} \\ &+ M^v_{20} + M^v_{21} + \dots M^v_{2(k-1)})\,\mathfrak{R}_1 = (h_{1a}\,X'_a + h_{10}\,X'_0 \\ &+ h_{11}\,X'_1 + \dots h_{1(k-1)}\,X'_{k-1})\,\mathfrak{L}_1 + (h_{2a}\,X'_a + h_{20}\,X'_0 \\ &\qquad + \dots h_{2(k-1)}\,X'_{k-1})\cdot\mathfrak{R}_1 \end{aligned}\right\}\quad(50)$$

— — — — — — — — — — — — — — — — — —

— — — — — — — — — — — — — — — — — —

Der erste Index von M und h gibt die Nummer der Stütze an, während der zweite auf die beiden X-Kräfte verweist, von denen sie abhängen.

Die Gleichungen (50) sind in die Gleichungen (49) einzusetzen und die letzteren nach den Indizes von X zu ordnen. Dabei mögen zur Vereinfachung der Schreibarbeit folgende Abkürzungen eingeführt werden, die in ähnlicher Weise wie in Gleichung (27) zu deuten sind

$$R_{oa} = \int_0^{l_o} y y' dx - h_{1a} \cdot \mathfrak{R}_o;\; R_{1a} = \int_0^{l_o} y y' dx - h_{1a} \mathfrak{L}_1 - h_{2a} \mathfrak{R}_1 \;\ldots$$

$$R_{oo} = \int_0^{l_o} y y' dx - h_{1o} \mathfrak{R}_o;\; R_{1o} = - h_{1o} \mathfrak{L}_1 - h_{2o} \mathfrak{R}_1 \;\ldots\ldots\ldots$$

$$R_{o1} = - h_{11} \mathfrak{R}_o;\; R_{11} = \int_0^{l^1} y y' dx - h_{11} \mathfrak{L}_1 - h_{21} \mathfrak{R}_1 \;\ldots\ldots\ldots$$

$$R_{o2} = - h_{12} \mathfrak{R}_o \quad R_{12} = - h_{12} \mathfrak{L}_1 - h_{22} \mathfrak{R}_1 \;\ldots\ldots\ldots\ldots$$

— — — — — — — — — — — — — — — — — —

— — — — — — — — — — — — — — — — — —

Der erste Index von R zeigt das Rahmenfeld an, auf das sich die Integration erstreckt, während der zweite Index auf die beiden X'-Kräfte hinweist, demnach mit dem zweiten Index von h übereinstimmt. Die Gleichungen (49) gehen dann über in:

$$\left.\begin{aligned}
&X'_a \left(S_o + S_{r+1} + \sum_o^r R_a\right) + X'_o \left(S_o + \sum_o^r R_o\right) + X'_1 \left(\sum_o^r R_1\right) \\
&\qquad + \sum_o^r \int_o^l M^o y' dx + \int_o^{s_o} \frac{\mathfrak{O}^o M^o}{\mathfrak{O} \cos\varphi} y\, dy = o \\
&X'_a (S_o + R_{oa}) + X'_o (S_o + S_1 + R_{oo}) + X'_1 (-S_1 + R_{o1}) \\
&\qquad + \ldots + \int_o^{l_o} M^o y' dx + \int_o^{s_o} \frac{\mathfrak{O}^o}{\mathfrak{O} \cos\varphi} M^o y\, dy = o \\
&X'_a R_{1a} + X'_o (-S_1 + R_{1o}) + X'_1 (S_1 + S_2 + R_{11}) \\
&\qquad + \ldots \int_o^{l_1} M^o y' dx = o \\
&— — — — — — — — — — — — — — — — \\
&— — — — — — — — — — — — — — — —
\end{aligned}\right\} \quad (51)$$

In den Beiwerten von X' der ersten Gleichung sind die Beiwerte der übrigen Gleichungen enthalten; da ferner die Werte von $\mathfrak{L}$ und $\mathfrak{R}$ bereits bei der Berechnung, die unter der Annahme von Gleitlagern für die Mittelstützen erfolgte, ermittelt worden, beansprucht die Auswertung sämtlicher Beiwerte keine große Rechenarbeit. Auch die von der Belastung abhängigen Integrale können für jede Laststellung bestimmt werden, so daß wir mittels der $(k+1)$ Bedingungsgleichungen in der Lage sind, die Überzähligen $(X_a\, X_o \ldots\ldots X_{k-1})$ sowie auch deren Einflußlinien zu ermitteln. Wir schreiben die Gleichungen (51) zur Vereinfachung in der Form an:

$$\left.\begin{array}{l}
N_{aa}X'_a + N_{oa}X'_o + N_{1a}X'_1 + N_{2a}X'_2 + \ldots = \Sigma I \\
N_{oa}X'_a + N_{oo}X'_o + N_{10}X'_1 + N_{20}X_2' + \ldots = I_o \\
N_{a1}X'_a + N_{o1}X'_o + N_{11}X'_1 + N_{21}X'_2 + \ldots = I_1 \\
- - - - - - - - - - - - - - \\
- - - - - - - - - - - - - -
\end{array}\right\} \quad (51\,a)$$

und erhalten die Überzähligen in der Form

$$\left.\begin{array}{l}
X'_a = \frac{1}{N_{aa}}\left\{\varrho_{oa}I_o + \varrho_{1a}I_1 + \varrho_{2a}I_2 + \ldots\right\} \\
X'_o = \frac{1}{N_{aa}}\left\{\varrho_{oo}I_o + \varrho_{10}I_1 + \varrho_{2o}I_2 + \ldots\right\} \\
X'_1 = \frac{1}{N_{aa}}\left\{\varrho_{o1}I_o + \varrho_{11}I_1 + \varrho_{21}I_2 + \ldots\right\} \\
X'_2 = \frac{1}{N_{aa}}\left\{\varrho_{o2}I_o + \varrho_{12}I_1 + \varrho_{22}I_2 + \ldots\right\} \\
- - - - - - - - - - - - - - \\
- - - - - - - - - - - - - -
\end{array}\right\} \quad (52)$$

Sind sämtliche Stützen unverschieblich gelagert, so empfiehlt sich häufig die Anordnung nach Figur 30, in der die Überzähligen in zwei Gruppen zerlegt wurden. Hierbei kann auf den geringen Einfluß, den die Zwischenstützen der einen Gruppe auf die der anderen ausüben, verzichtet werden. Dadurch wird die Zahl der Überzähligen auf je die Hälfte herabgedrückt und wird wohl in allen Fällen der Praxis so gering sein, daß die Gleichungen (51) und (52) sehr schnell ausgewertet werden können. Herrscht völlige Symmetrie, so genügt es natürlich, bloß den einen Teil zu untersuchen.

Um die Überzähligen für den Fall, daß die Riegelachse durch ein Drehmoment $M^w$ belastet wird, zu bestimmen, empfiehlt es sich, die Integralwerte $\int M^0 y' dx$ unmittelbar aus der $M^0$-Fläche zu berechnen. Wirkt ein rechts drehendes Moment im Punkte M der Riegelachse (Fig. 26) so liefern die Momente des einfachen Balkens $l_n$ zu $\int_0^{l_n} M^0 y' dx$ den Beitrag:

$$-M^w \int_0^a y' d\xi \cdot \frac{\xi}{l_n} + M^w \int_a^{l_n} y' d\xi \cdot \frac{l_n - \xi}{l_n} = M^w \cdot \left[ -\overset{n-m}{\mathfrak{R}_n} + \overset{m-(n+)}{\mathfrak{L}_n} \right] \quad (53$$

wenn mit $\overset{n-m}{\mathfrak{R}_n}$ der rechte Auflagedruck des mit der verzerrten Rahmenfläche $C_n E'_n N M$ belasteten einfachen Balken $l_n$ und $\overset{m-(n+1)}{\mathfrak{L}_n}$ der linke Auflagedruck des mit der verzerrten Rahmenfläche $M N E'_{n+1} C_{n+1}$ belasteten gleichen Balken bezeichnet wird. Wird die Riegelachse erwärmt, so ist, wenn $dz = dx$ gesetzt wird, jede $\int M^0 y' dx$ gemäß Gleichung (3) durch

$$\varepsilon^0 \mathfrak{y}^0 \alpha\, t_0 l \text{ oder } \varepsilon^0 \mathfrak{y}^0 \alpha \Delta t \int_0^l \frac{y\, dx}{\cos\varphi\, h_b}$$

zu ersetzen, je nachdem es sich um eine über den Stabquerschnitt gleichförmig verteilte oder um eine von oben nach unten sich ändernde Temperatur handelt.

Sobald es sich um eine veränderliche Belastung handelt, ist das Zeichnen von Einflußlinien erforderlich. Würde nun die Einflußlinie für ein Moment $M = M^0 - X_1 \eta'_1 - X_2 \eta''_2 - X_3 \eta''' - \ldots$ so bestimmt werden, daß zunächst die Einflußfläche für den durchlaufenden Balken (z. B. nach der Methode von Ritter) konstruiert wird und daß dann von dieser die mit $\eta', \eta'', \eta''' \ldots$ multiplizierten Einflußlinien für $X_1, X_2, X_3 \ldots$ abgezogen werden, so würde dies, abgesehen von den unvermeidlichen Ungenauigkeiten, sehr zeitraubend sein, da sich die Beiwerte $\eta', \eta'', \eta''' \ldots$ von Querschnitt zu Querschnitt ändern, mithin auch für jeden Querschnitt die X-Linien von neuem aufgetragen werden müßten. Es erscheint daher ein anderes allgemeines Verfahren geboten, welches diesen Fehler beseitigt, und zwar wird es zweckmäßig sein, an Stelle der Einflußlinien Momentenflächen treten zu lassen, deren zugehörige Biegelinien die gesuchten Einflußlinien sind und die wir die belastenden Momentenflächen nennen werden.

Um zunächst die Einflußfläche für eine Bogenkraft zu erhalten, lösen wir die den Integralwerten I entsprechenden Belastungsflächen je in eine Rahmenfläche und in Dreiecke mit den bekannten Höhen h auf (vgl. Seite 23f.), multiplizieren hierauf die einzelnen Teile mit den Beiwerten $\varrho$ aus Gleichung (52) und gewinnen dadurch für jedes Riegelfeld die endgültige Belastungsfläche, die aus der $\varrho$-fachen Fläche des entsprechenden Rahmenfeldes und aus einem Trapeze besteht.

Soll nun auch für das Moment an einer beliebigen Stelle m des Feldes $l_n$ die Einflußlinie gezeichnet werden, so ist zunächst

Fig: 31

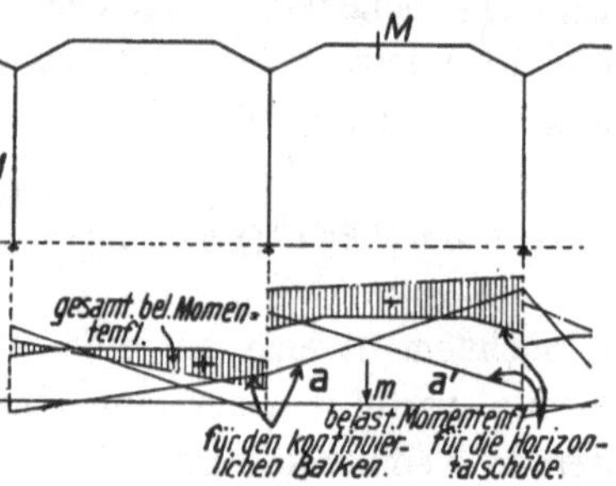


die Belastungsfläche des durchlaufenden Balkens des statisch unbestimmten Hauptsystems zu bestimmen und davon die $\eta'_m$—, $\eta''_m$—, $\eta'''_m$— . . . fache Belastungsfläche der Horizontalschübe $X_1$, $X_2$, $X_3$ . . . abzuziehen, wobei unter $\eta'_m$, $\eta''_m$, $\eta'''_m$ die Ordinaten für $X_1 = -1$; $X_2 = -1$; $X_3 = -1$ . . . an der Stelle m zu verstehen sind. Die Momentengleichung des kontinuierlichen Balkens lautet für die Stelle m in den Abständen a und a' von den Auflagern des Feldes $l_n$: $M = M^0 - \frac{a'}{l_n} M_n - \frac{a}{l_n} M_{n+1}$. (Fig. 31.) Werden hierin die Werte für $M_n$ und $M_{n+1}$ aus Gleichung (17) eingesetzt, so erhält man

$$M = \mathfrak{M} - \frac{\varkappa_n}{1-\varkappa_n \varkappa'_n} \cdot \frac{a' - \varkappa'_n a}{t_n} \cdot c \cdot P - \frac{\varkappa'_n}{1-\varkappa_n \varkappa'_n} \cdot \frac{a - \varkappa_n a'}{t'_n} \cdot b \cdot P \,.\,.\, (54$$

Wurden die c- und b-Linien für eine Dreieckshöhe $h^0$ gezeichnet, so ist diese mit den Beiwerten von c und b zu multiplizieren, die graphisch in ähnlicher Weise wie in Figur 5 gefunden werden können. Die Dreieckshöhen über den anderen Stützen sind dann durch die Festpunkte festgelegt. Der Momentenfläche $\mathfrak{M}$ des einfachen Balkens entspricht eine Einzellast in m.

In ähnlicher Weise wird die belastende Momentenfläche für die Querkraft an der gleichen Stelle gefunden. Werden in die Gleichung

$$Q_m = Q^0_m - \frac{M_{n+1} - M_n}{l_n}$$

wieder die Werte für $M_n$ und $M_{n+1}$ aus Gleichung (17) eingesetzt, so ergibt sich

$$Q_m = Q^0_m + \frac{\varkappa_n(1+\varkappa'_n)}{1-\varkappa_n \varkappa'_n} \cdot \frac{t}{t_n} \cdot P - \frac{\varkappa'_n(1+\varkappa_n)}{1-\varkappa_n \varkappa'_n} \frac{b}{t'_n} \cdot P \quad . \quad . \quad (55$$

Die Dreieckshöhe der belastenden Momentenfläche erhält man durch Multiplikation von $h^0$ mit

$$\frac{\varkappa_n(1+\varkappa'_n)}{1-\varkappa_n \cdot \varkappa'_n} \cdot \frac{1}{t_n} \text{ und } \frac{\varkappa'_n(1+\varkappa_n)}{1-\varkappa_n \varkappa'_n} \cdot \frac{1}{t'_n},$$

von denen die den Bogenkräften entsprechenden Ordinaten abzuziehen sind, während der Einflußlinie für die Querkraft des einfachen Balkens ein Angriffsmoment in m entspricht.

Es können demnach für jedes Feld sämtliche Einflußlinien auf die Einflußlinie des einfachen Balkens und auf drei Kurven, entsprechend der Rahmenfläche und zwei Dreieckflächen, zurückgeführt werden, wie groß auch die Anzahl der Überzähligen sein mag. In dieser allgemeinen Form haftet der Darstellung der Einflußlinien noch der Übelstand an, daß für jeden Querschnitt die drei Kurven, aus denen sich die Einflußlinie zusammensetzt, in einem besonderen Verhältnis zueinander aufzutragen sind. Es kann jedoch in zahlreichen Fällen Vereinfachung an Zeichenarbeit erzielt, ja diese sogar ganz erspart werden. So kann z. B. bei geradliniger Riegelachse die Rahmenfläche in zwei Dreiecke zerlegt und mit den anderen beiden Momenten-Dreiecksflächen vereinigt werden, so daß dann alle Einflußlinien auf bloß zwei Kurven, die c- und die b-Linie, zurückgeführt werden können. Häufig, namentlich bei den absolut größten Momenten, läßt sich von vornherein übersehen, daß die Einflußlinie keinen Nullpunkt hat, daß also die Last in jedem Punkte dieses Feldes im gleichen Sinne wirkt. Wenn sich dann die Untersuchung nur auf eine gleichförmige Belastung zu erstrecken hat, ist nur ein einmaliges Auswerten der Biegeflächen erforderlich, die dann mit den entsprechenden Beiwerten zu multiplizieren sind.

Darf auch noch mit einem für das ganze Rahmenfeld konstanten Trägheitsmoment gerechnet werden, so ist ein analytisches Verfahren zweckmäßig. Es stelle Figur 32 die belastende Momentenfläche für den Fall dar, daß die Einflußlinie des Feldes $l_n$ für den Punkt M dieses Feldes zu untersuchen ist. An der Stelle x beträgt das Biegungsmoment von Dreieck $C_n - E_{n+1} - C_{n+1}$

Fig: 32

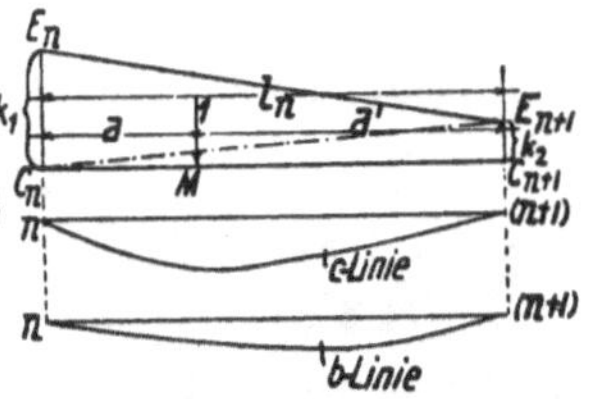


$$\delta = \frac{k_2 x}{6 l_n} (l_n - x)(l_n + x)$$

und ebenso dasjenige von Dreieck $C_n - E_n - C_{n+1}$

$$\delta' = \frac{k_1 x}{6 l_n} (l_n - x)$$

während die Einzellast 1 in M das Momentendreieck mit der Höhe $\frac{a a'}{l_n}$ bedingt.

Wird nur gleichförmige Belastung berücksichtigt, so interessieren die Nullpunkte der Biegelinie, die Belastungsscheiden sind. Die Durchbiegung an der Stelle x zwischen $C_n$ und M ist

$$\vartheta_x = \frac{a'}{l_n} x - \frac{k_1 x}{6 l_n} (l_n - x)(2 l_n - x) - \frac{k_2 x}{6 l_n} (l_n - x)(l_n + x) \quad (56$$

Hierin sind beide Dreieckflächen negativ angenommen. Wird eine derselben jedoch positiv, so ist das Vorzeichen von k entsprechend zu ändern. $\vartheta_x$ wird Null, wenn

$$a' - \frac{k_1}{6}(l_n - x)(2\,l_n - x) - \frac{k_2}{6}(l_n - x)(l_n + x) = 0$$

Wird $\zeta = \frac{x}{l_n}$ eingeführt, so kann diese Gleichung auch geschrieben werden:

$$\frac{k_1\,l_n^2}{6\,a'}(1-\zeta)(2-\zeta) + \frac{k_2\,l_n^2}{6\,a'}(1-\zeta)(1+\zeta) = 1 \quad \ldots (57$$

Da k von der Längendimension — 1, so ist $\frac{k \cdot l_n^2}{a'}$ eine unbenannte Zahl.

Nachdem die Belastungsscheiden bekannt, können die Inhalte der positiven und der negativen Biegefläche ausgewertet werden. Der Inhalt der Flächen $n-m-m_1$ und $n-m_1-(n+1)$ beträgt

$$\int_0^x \delta\,dx = \frac{k_2\,x}{24\,l_n}(2\,l_n^2 - x^2) = \frac{k_2\,l_n^3}{24}\zeta^2(2-\zeta^2) = \psi\,k_2\,l_n^3$$

und

$$\int_x^{l_n} \delta\,dx = \frac{k_1\,x}{24\,l_n}(l_n^2 - x^2)^2 = \frac{k_2\,l_n^3}{24}(1-\zeta^2)^2 = \psi'\,k_2\,l_n^3$$

Für verschiedene Werte von $\varphi$ sind die Werte von $\psi$ und $\psi'$ in der beigegebenen Tabelle zusammengestellt.

(Siehe Tabelle Seite 58.)

Die Einflußlinie für ein Moment oder eine Querkraft des Feldes $l_n$ besteht in den übrigen Feldern nur aus einer Kurve dritten Grades, die auf zwei belastende Dreieckflächen zurückzuführen ist. Es verschwindet dann in Gleichung (56) das Glied $\frac{a'x}{l_n}$ und die Lage des Nullpunktes der Einflußlinie ergibt sich aus der Bedingung

$$k_1(2\,l_n - x) + k_2(l_n + x) = 0 \text{ zu}$$

$$x = l_n \cdot \frac{2\,k_1 + k_2}{k_1 - k_2} \quad \ldots\ldots\ldots (58$$

**Tabelle.**

| $\zeta$ | $\frac{(1-\zeta)^2}{24}=\psi$ | $\frac{1-(1-\zeta)^2}{24}=\psi'$ |
|---|---|---|
| 0 | 0,04167 | 0 |
| 0,05 | 0,04146 | 0,00021 |
| 0,10 | 0,04084 | 0,00083 |
| 0,15 | 0,03981 | 0,00186 |
| 0,20 | 0,03831 | 0,00336 |
| 0,25 | 0,03662 | 0,00505 |
| 0,30 | 0,03450 | 0,00717 |
| 0,35 | 0,03209 | 0,00958 |
| 0,40 | 0,02940 | 0,01227 |
| 0,45 | 0,02650 | 0,01517 |
| 0,50 | 00,2344 | 0,01823 |
| 0,55 | 0,02027 | 0,02140 |
| 0,60 | 0,01707 | 0,02460 |
| 0,65 | 00,1390 | 0,02777 |
| 0,70 | 0,01084 | 0,03083 |
| 0,75 | 0,00797 | 0,03370 |
| 0,80 | 0,00540 | 0,03627 |
| 0,85 | 0,00321 | 0,03846 |
| 0,90 | 0,00150 | 0,04017 |
| 0,95 | 0,00039 | 0,04128 |
| 1 | 0 | 0,04167 |

Ein Nullpunkt ist nur vorhanden, wenn

$$-\frac{k_2}{2} > k_1 > -2\,k_2$$

Wird Gleichung (58) in $\int_0^x \vartheta\,dx = \int_0^x \delta\,dx + \int_0^x \delta'\,dx$ eingesetzt, so erhält man nach einigen Umrechnungen als Inhalt der Biegefläche zwischen linkem Auflager und Nullpunkt

$$\int_0^x \vartheta \, dx = \frac{x^3 k_1}{24} \quad \ldots \ldots \ldots \quad (59$$

## 10. Rahmen mit eingespannten Außenstützen.

Sind die Außenstützen fest eingespannt, und dürfen die Zwischenstützen als auf Gleitlager ruhend angesehen werden (Fig. 35), so ist, wenn als Hauptsystem wieder der durchlaufende Balken gewählt wird, das System dreifach statisch unbestimmt. Als überzählige Größen sind dann die Einspannungsmomente $\mu$ und $\mu'$ und der Horizontalschub X einzuführen (Fig. 35a).

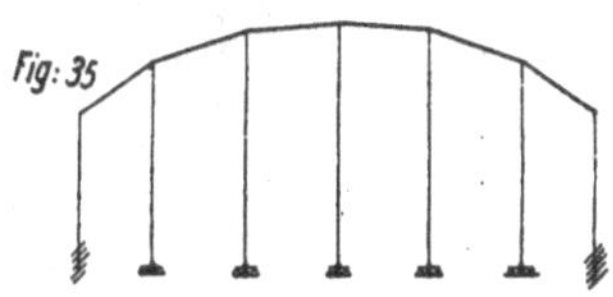


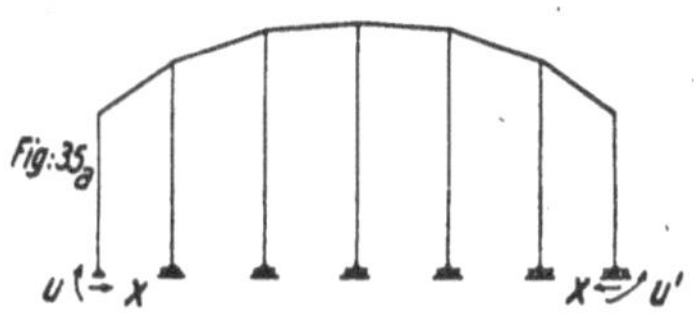


Es betragen die Momente:

$$\left.\begin{array}{ll} \text{in der linken Stütze} & M = X \cdot y - \mu - M^0 \\ \text{in der rechten Stütze} & M = X \cdot y - \mu' \\ \text{im Riegel} & M = M^0 - X \cdot y + \mu \frac{L - x}{L} + \mu' \cdot \frac{x}{L} + \mu^v \end{array}\right\} (60$$

Werden die Momente $\mu^v$ vorläufig wieder als von den drei Überzähligen X, $\mu$ und $\mu'$ unabhängig angenommen, so ergeben sich die Bedingungsgleichungen zur Bestimmung der letzteren zu

$$\left.\begin{array}{l} \frac{\partial M}{\partial X} = X \cdot \int_0^{s_0} \frac{\Theta^0 y^2}{\Theta_s \sin \varphi} dy - \mu \int_0^{s_0} \frac{\Theta^0 y^2}{\Theta_s \sin \varphi} dy + X \int_0^{s_{r+1}} \frac{\Theta^0 y^2 dy}{\Theta_s \sin \varphi} \\ - \mu' \int_0^{s_{r+1}} \frac{\Theta^0 y^2 dy}{\Theta_s \sin \varphi} + X \int_0^L y y' dx - \frac{\mu}{L} \int_0^L y'(L - x) dx - \frac{\mu'}{L} \int_0^L y' x \, dx \end{array}\right\} (61$$

$$\left.\begin{aligned}
&-\int_0^L \mu_v\, y'\, dx - \int_0^L M^0 y'\, dx - \int_0^{s_0} \frac{\mathfrak{O}^0 M^0 y\, dy}{\mathfrak{O}_s \sin\varphi} = 0 \\
&\frac{\partial M}{\partial \mu} = \mu \int_0^{s_0} \frac{\mathfrak{O}^0}{\mathfrak{O}_s \sin\varphi}\cdot dy - X \int_0^{s_0} \frac{\mathfrak{O}^0 y}{\mathfrak{O}_s \sin\varphi}\, dy + \mu \int_0^L \frac{\mathfrak{O}^0 (L-x)^2}{\mathfrak{O}_s \cos\varphi\, L^2}\cdot dx \\
&+\mu' \int_0^L \frac{\mathfrak{O}^0 x (L-x)}{\mathfrak{O} \cos\varphi\, L^2}\cdot dx - X \int_0^L y' \frac{L-x}{L}\, dx + \int_0^L \frac{\mathfrak{O}^0 \mu^v}{\mathfrak{O}\cos\varphi} \frac{(L-x)}{L}\, dx \\
&+\int_0^L \frac{\mathfrak{O}^0 M^0}{\mathfrak{O}\cos\varphi} \frac{L-x}{L}\, dx + \int_0^{s_0} \frac{\mathfrak{O}^0}{\mathfrak{O}_s \sin\varphi} M^0\, dy = 0 \\
&\frac{\partial M}{\partial \mu'} = \mu' \int_0^{s_{r+1}} \frac{\mathfrak{O}^0 dy}{\mathfrak{O}_s \sin\varphi} - X \int_0^{s_{r+1}} \frac{\mathfrak{O}^0 y\, dy}{\mathfrak{O}_s \sin\varphi} + \mu \int_0^L \frac{\mathfrak{O}^0 x (L-x)}{\mathfrak{O}_s \cos\varphi\, L^2}\, dx \\
&+\mu' \int_0^L \frac{\mathfrak{O}^0}{\mathfrak{O}\cos\varphi}\cdot \frac{x_2}{L^2}\cdot dx - X \int_0^L y' \frac{x}{L}\, dx + \int_0^L \frac{\mathfrak{O}^0 \mu^v}{\mathfrak{O}\cos\varphi} \frac{x}{L}\, dx \\
&+\int_0^L \frac{\mathfrak{O}^0 M^0}{\mathfrak{O}\cos\varphi}\cdot \frac{x}{L}\, dx
\end{aligned}\right\} \quad (61)$$

$$\int \frac{\mathfrak{O}^0 \mu^v (L-x)}{\mathfrak{O}\cos\varphi}\, dx \qquad \int \frac{C^0}{C\cos\varphi} \mu^v x\, dx$$

und dürfen als das statische Moment eines einfachen, mit der $\mu^v$-Fläche belasteten Balkens $\overline{A - B}$ von der Länge L in bezug auf die rechte und linke Stützensenkrechte aufgefaßt werden, wobei aber jedes Moment $\mu^v$ mit dem Beiwert $\frac{\mathfrak{O}^0}{\mathfrak{O}\cos\varphi}$, der dem ihm zugehörigen Punkte der Riegelachse entspricht, zu versehen ist. Es wird sich auch hier als zweckmäßig erweisen, die Momentenfläche in einzelne Dreiecke mit Höhen $M^v$ zu zerlegen (Fig. 1). Die Schwerpunkte dieser Flächen unter Berücksichtigung des veränderlichen Trägheitsmomentes können als bereits bekannt vorausgesetzt werden, da deren Konstruktion zur Bestimmung der Festpunkte erfolgen mußte. Wird das mittlere Trägheitsmoment mit $\mathfrak{J}^0$ bezeichnet, so beträgt der Inhalt von Dreieck $C_{n-1} - K_n - C_{n+1}$

$$\left\{ \frac{\mathfrak{J}^0}{\mathfrak{J}^{c\prime}_{(n+1)}} \cdot \frac{l_{n-1}}{2} + \frac{\mathfrak{J}^0}{\mathfrak{J}^c_n} \cdot \frac{l_n}{2} \right\} M^v_n$$

Für $M^v_n = 1$ mögen ihre statischen Momente in bezug auf die rechte und linke Stützensenkrechte durch $\mathfrak{A}_n$ und $\mathfrak{B}_n$ ausgedrückt werden; die obigen Integrale gehen dann über in die Form

$$\int \frac{\mathfrak{J}^0 \mu^v}{\mathfrak{J} \cos \varphi} (L - x)\, dx = \sum_1^r \mathfrak{A}\, M^v; \quad \int \frac{\mathfrak{J}^0 \mu^v}{\mathfrak{J} \cos \varphi} x\, dx = \sum_1^r \mathfrak{B}\, M_v$$

$M^v$ setzt sich aus drei Teilbeträgen zusammen, die zu den einzelnen Überzähligen in einem konstanten Verhältnisse stehen. Greift an der linken Stütze das Moment $\mu$ an, so sind die übrigen Stützenmomente durch die Festpunkte k bestimmt, da der Riegel selbst hierbei unbelastet bleibt. In gleicher Weise bestimmen die Festpunkte i das Verhältnis der Teilmomente zu $\mu'$. Da schließlich nach Nr. 4 auch die Ordinaten h, welche das Verhältnis zwischen M und X bestimmen, bekannt sind, können die Stützenmomente der Reihe nach angeschrieben werden zu:

$$\begin{aligned}
M^v_1 &= h_1 X + \varkappa'_0 \mu + \varkappa_r \cdot \varkappa_{r-1} \ldots \varkappa_2 \cdot \varkappa_1 \cdot \mu' \\
M^v_2 &= h_2 X + \varkappa'_0 \cdot \varkappa'_1 \mu + \varkappa_r \cdot \varkappa_{r-1} \ldots \varkappa_2 \mu' \\
M^v_{r-1} &= h_{r-1} X + \varkappa'_0 \cdot \varkappa'_1 \ldots k'_{r-2} \mu + \varkappa_r \cdot \varkappa_{r-1} \mu' \\
M^{vr} &= {}_r h X + \varkappa'_0 \cdot \varkappa'_1 \ldots \varkappa'_{r-2} \varkappa'_{r-1} \mu + \varkappa_r \mu'
\end{aligned}$$

Werden sämtliche Stützenmomente mit den zugehörigen Flächenwerten $\mathfrak{f}$ multipliziert, so erhält man gemäß Gleichung (4)

$$\sum_1^r \int \frac{\mathfrak{J}^0 \mu^v}{\mathfrak{J} \cos \varphi} y'\, dx = \sum_1^r M^v \mathfrak{f} = X \cdot \sum_1^r h \mathfrak{f} + \mu \cdot \varkappa'_0 F_1 + \mu' \varkappa_r F_r \qquad (62$$

Ersetzt man in Figur (43) die Strecken $\mathfrak{f}$ durch Strecken $\mathfrak{A}$ und $\mathfrak{B}$, so ergibt die gleiche Konstruktion Flächengrößen $A'_1$ und $A_r$ bzw. $B'_1$ und $B_r$. Demnach ist:

$$\left.\begin{aligned}
\sum_1^r \int \frac{\mathfrak{J}^0 \mu^v}{\mathfrak{J} \cos \varphi} (L - x)\, dx &= \sum_1^r M^v \cdot \mathfrak{A} = X \cdot \sum_1^r h \cdot \mathfrak{A} + \mu \cdot \varkappa'_0 A'_1 + \mu' \varkappa_r A_r \\
\sum_1^r \int \frac{\mathfrak{J}^0 \mu^v}{\mathfrak{J} \cos \varphi} x\, dx &= \sum_1^r M^v \cdot \mathfrak{B} = X \cdot \sum_1^r h\, \mathfrak{B} + \mu \cdot \varkappa'^0 B'_1 + \mu' \varkappa_r B^r
\end{aligned}\right\} \qquad (62a$$

Wird in der ersten Gleichung (61) wieder

$$\int\limits_0^{s_o} \frac{\mathfrak{O}^0}{\mathfrak{O}\sin\varphi}\, y^2\, dy = S_o; \int\limits_0^{s_{r+1}} \frac{\mathfrak{O}^0}{\mathfrak{O}\sin\varphi}\, y^2\, dy = S_{r+1} \text{ und}$$

$$\int\limits_0^L y \cdot y'\, dx = \Sigma h f = \Sigma R$$

gesetzt und werden die Gleichungen (61) nach den Überzähligen geordnet, wobei die beiden letzten Gleichungen noch mit L multipliziert werden, so erhält man:

$$\left.\begin{aligned}
&X(S^o + S_{r+1} + \Sigma R) - \mu\Big[\int\limits_0^{s_o} \frac{\mathfrak{O}^0}{\mathfrak{O}_s \sin\varphi}\, y\, dy + \int\limits_0^L y' \frac{L-x}{L}\, dx \\
&\quad + \varkappa'_o F'_1\Big] - \mu'\Big[\int\limits_0^{s_{r+1}} \frac{\mathfrak{O}^0}{\mathfrak{O}_s \sin\varphi}\, y\, dy + \int\limits_0^L y' \frac{x\, dx}{L} + \varkappa_r F_r\Big] \\
&\quad - \int\limits_0^L M^0 y'\, dx - \int\limits_0^{s_o} \frac{\mathfrak{O}^0}{\mathfrak{O}\sin\varphi} M^0 y\, dy = 0 \\
&X\Big[L \int\limits_0^{s_o} \frac{\mathfrak{O}^0}{\mathfrak{O}_s \sin\varphi} y\, dx + \int\limits_0^L y'(L-x)\, dy - \Sigma h \mathfrak{A}\Big] - \mu\Big[L \int\limits_0^{s_o} \frac{\mathfrak{O}\, dy}{\mathfrak{O}\sin\varphi} \\
&\quad + \int\limits_0^L \frac{\mathfrak{O}^0}{\mathfrak{O}\cos\varphi} \cdot \frac{(L-x)^2}{L^2} dx + \varkappa'_o A'_1\Big] - \mu'\Big[\int\limits_0^L \frac{\mathfrak{O}^0}{\mathfrak{O}\cos\varphi} x \cdot \frac{L-x}{L} \cdot dx \\
&\quad + \varkappa_r A_r\Big] - \int\limits_0^L \frac{\mathfrak{O}^0}{\mathfrak{O}\cos\varphi} M^0 (L-x)\, dx - \int\limits_0^{s_o} \frac{\mathfrak{O}^0}{C_o \sin\varphi} M^0\, dy = 0 \\
&X\Big[L \int\limits_0^{s_{r+1}} \frac{\mathfrak{O}^0 y}{\mathfrak{O}\sin\varphi} dy + \int\limits_0^L y' x\, dx - \Sigma h \mathfrak{B}\Big] - \mu\Big[\int\limits_0^L \frac{\mathfrak{O}^0}{\mathfrak{O}\cos\varphi} x \frac{L-x}{L} dx \\
&\quad + \varkappa'_o B_1\Big] - \mu'\Big[L \int\limits_0^{s_o} \frac{\mathfrak{O}^0}{\mathfrak{O}_s \sin\varphi} dy + \int\limits_0^L \frac{\mathfrak{O}^0}{\mathfrak{O}\cos\varphi} \frac{x^2}{L}\, dx \\
&\quad + \varkappa_r B_r\Big] - \int \frac{\mathfrak{O}^0}{\mathfrak{O}\cos\varphi} M^0 x\, dx = 0
\end{aligned}\right\} \quad (63$$

Die vorstehenden Gleichungen enthalten einige Integrale, deren Auswertung noch zu erledigen ist. Tragen wir in horizontaler Richtung von einer Vertikalen aus die den Ordinaten y einer Außensäule entsprechenden Verhältniszahlen $\frac{\mathfrak{J}^0}{\mathfrak{J}\sin\varphi}$ in einem beliebigen Maßstabe auf (Fig. 36), sodaß sich die Fläche o—h—h'—g—o ergibt, und ziehen im

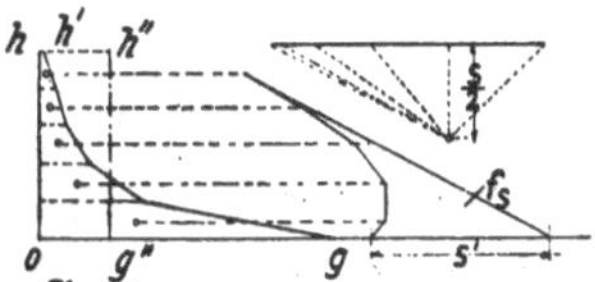


Fig. 36

Abstande $\frac{\mathfrak{J}^0}{\mathfrak{J}^c_s}$ $\overline{g''\text{–}h''\ o\text{–}h}$ so, daß o—h—h'—g—o flächen gleich mit Rechteck o—h—h''—g''—o wird, so ist

$$\int_0^s \frac{\mathfrak{J}^0}{\mathfrak{J}\cdot\sin\varphi}\cdot dy = \frac{\mathfrak{J}^0}{\mathfrak{J}^c_s}\cdot s.$$

Wir zerlegen ferner die Fläche o—h—h'—g—o in eine Anzahl wagerechter Streifen, die wir als Horizontalkräfte auffassen und zeichnen mit der Polweite $\frac{s}{2}$ eine Seillinie, deren äußersten Strahlen auf der Kämpferlinie die Strecke s' abschneiden möge. Es ist dann

$$\int_0^s \frac{\mathfrak{J}^0}{\mathfrak{J}\sin\varphi}\cdot y\cdot dy = \frac{ss'}{2}$$

Für konstantes Trägheitsmoment geht s' in s über. Bezeichnen wir die von der Seillinie und den beiden äußersten Strahlen eingeschlossene Fläche mit $\mathfrak{F}_s$, so ist nach Mohr

$$\int \frac{\mathfrak{J}^0}{\mathfrak{J}\sin\varphi}\, y\cdot dy = \mathfrak{F}_s\cdot s;$$

dies kann zur Kontrolle des nach Figur (14) bestimmten Integralwertes dienen.

$$\int_0^L x\cdot y'\,dx \text{ und } \int_0^L (L-x)\cdot y'\cdot dx$$

bedeuten die statischen Momente der verzerrten Riegelfläche inbezug auf die linke und rechte Stütze. Da für die einzelnen Felder deren Größe und die Lage deren Schwerpunkte bekannt ist, so können die gesuchten statischen Momente ohne weiteres zeichnerisch und rechnerisch bestimmt werden.

Belasten wir den einfachen Balken A B mit dem Momentendreieck A—B—B′ (Fig. 37), so beträgt mit Berücksichtigung des Trägheitsmomentes dessen statisches Moment in bezug auf die rechte Stützensenkrechte

$$\int_0^L \frac{\mathfrak{J}^0 x}{\mathfrak{J} \cos \varphi} (L - x) \cdot dx$$

und in bezug auf die linke Stützensenkrechte

$$\int_0^L \frac{\mathfrak{J}^0 \cdot x^2 \cdot dx}{\mathfrak{J} \cdot \cos \varphi}$$

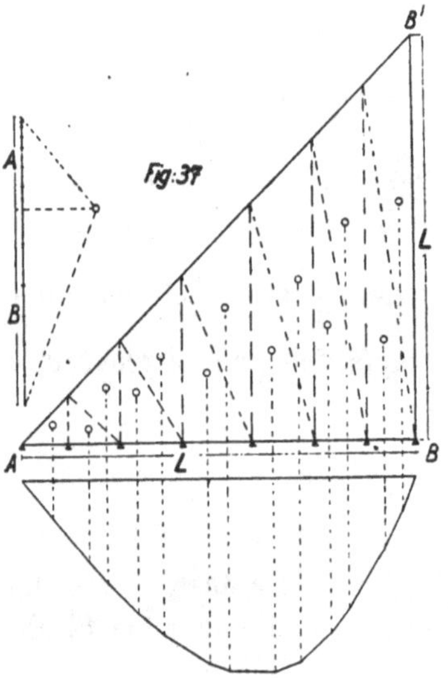


Um dieselben zu konstruieren, zerlegen wir die Belastungsfläche in Dreiecke, deren Größe und die Lage deren Schwerpunkte ebenfalls bereits bekannt sind. Mit Hilfe eines Seilpolygones werden die Auflagerdrücke zu $\overline{\mathfrak{A}}$ und $\overline{\mathfrak{B}}$ und damit die statischen Momente zu $\overline{\mathfrak{A}} \cdot L$ und $\overline{\mathfrak{B}} \cdot L$ gefunden. Wird in der gleichen Weise die Seillinie zum Belastungsdreieck mit der Höhe A—A′=L gezeichnet, so erhält man

$$\int_0^L \frac{\mathfrak{J}^0}{\mathfrak{J} \cos \varphi} (L - x)^2 \, dx = \overline{\mathfrak{A}}' L \quad \text{und} \quad \int_0^L \frac{\mathfrak{J}^0}{\mathfrak{J} \cos \varphi} x (L - x) \, dx = \overline{\mathfrak{B}}' L$$

Das letztere Integral ist mithin doppelt bestimmt worden.

Es bleibt noch die Untersuchung der drei von der Belastung abhängigen Integrale übrig. $\int_0^L M^0 \cdot y' \cdot dx$ ist bereits bekannt.

Das Wesen von

$$\int \frac{\mathfrak{J}^0 M^0}{\mathfrak{J} \cos\varphi}(L-x)\cdot dx$$

erkennen wir am klarsten dadurch, daß wir die Bogenkraft X und das andere Einspannungsmoment aufgehoben denken. Es verschwinden dann die erste und dritte Gleichung (63), und auch X und $\mu'$ in der zweiten Gleichung sind Null. Wird in $\int \frac{\mathfrak{J}^0 M}{\mathfrak{J} \cos\varphi}(L-x)\,dx$ $\frac{\mathfrak{J}}{\mathfrak{J}\cos\varphi}(L-x)$ durch y′ ersetzt, so entspricht dieses einem Rahmen, dessen Riegelachse mit der Kämpferlinie einen Winkel von 45° einschließt. Wir können nun zu dieser Rahmenfläche eine Momentenfläche zeichnen, deren zugehörige Biegelinie Einflußlinie von $\mu$ ist. Die Momentenfläche kann aber unmittelbar gezeichnet werden, da sie für $\mu = 1$ durch die Festpunkte eindeutig bestimmt ist (vgl. S. 21).

Nun können wir daran gehen, sämtliche Beiwerte der Überzähligen zu berechnen.

Wird noch zur Abkürzung

$$\int_0^L M^0\cdot y'\,dx = I;\quad \int_0^L \frac{\mathfrak{J}^0 M^0}{\mathfrak{J}\cos\varphi}(L-x)\cdot dx = II \quad \int \frac{\mathfrak{J}^0 M^0}{\mathfrak{J}\cos\varphi}\cdot x\cdot dx = II'$$

gesetzt, so können die Gleichungen (63) in der Form

$$\left.\begin{aligned} X\cdot N_0 + \mu\cdot\overline{N}_0 + \mu'\cdot\overline{N}'_0 &= I \\ X\cdot N_1 + \mu\cdot\overline{N}_1 + \mu'\cdot\overline{N}'_1 &= II \\ X\cdot N_2 + \mu\cdot\overline{N}_2 + \mu'\cdot\overline{N}'_2 &= II' \end{aligned}\right\} \quad \ldots\ldots\ldots (64$$

angeschrieben und daraus X, $\mu$ und $\mu'$ berechnet werden.

Infolge Ausdehnung der Riegelachse durch Erwärmung wird $I = E^0 \mathfrak{J}^0 \alpha \int \tau\, dx$, während die Ausdrücke für $II$ und $II'$ verschwinden.

Es könnten nun nach dem gleichen Prinzip eingespannte Außenstützen mit unverschieblich gelagerten Zwischenstielen kombiniert werden. Da aber eine solche Berechnung sehr umständlich ist, ohne daß dadurch die Genauigkeit der Ergebnisse wesentlich erhöht wird, ist hier nicht weiter darauf eingegangen.

## III. Beispiele.

# 11. Sechsstieliger Hallenbinder.

Der in Figur 38 skizzierte Hallenbinder sei in Eisenbeton zu entwerfen, wobei als lichter Raum annähernd die von der punktierten Linie eingeschlossene Fläche frei zu halten ist. Die Riegelachse wurde deshalb schätzungsweise 30 cm höher genommen.

Die Binder, deren gegenseitiger Abstand 8 m beträgt, tragen in der Mitte einen ca. 4 m hohen und 6 m breiten Laternenaufsatz, der demnach sein Eigengewicht auf den Riegel des Mittelfeldes in dessen Viertelpunkten überträgt. Die übrigen

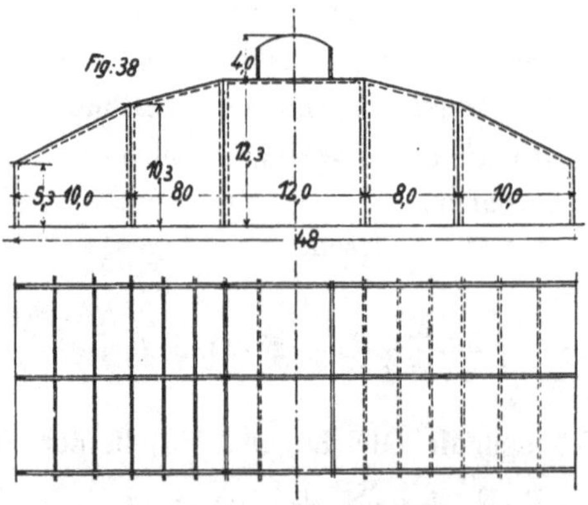


Felder sollen in je drei gleiche Teile durch Nebenbalken geteilt werden, welche auf den Binder die Lasten $P_0 = P_4 = 8^t$; $P_1 = P_3 = 6{,}4^t$ und $P_2 = 10^t$ übertragen, während das Eigengewicht zunächst auf $0{,}5^{t/m}$ geschätzt wurde. Außerdem ist noch eine einseitige Belastung durch Schnee zu berücksichtigen, die einschließlich des Zuschlages für die lotrechten Windkomponenten die Zusatzlasten $P_0 = 2^t$; $P_1 = 2^t$ und $P_2 = 3^t$ liefert. Ferner ist noch der Winddruck mit 125 kg pro Quadratmeter Vertikalprojektion anzunehmen und ein Temperaturunterschied von $\pm 30^0$ zu berücksichtigen.

Zunächst möge die Berechnung unter Annahme eines konstanten Trägheitsmomentes analytisch durchgeführt werden.

Nach Seite 11 erhalten wir:

$\varkappa_1 = \varkappa'_3 = 0{,}222$; $\varkappa_2 = \varkappa'_2 = 0{,}314$; $\varkappa_3 = \varkappa'_1 = 0{,}221$; $\varkappa_4 = \varkappa'_0 = 0{,}292$

$$\frac{\varkappa_1}{1 - \varkappa_1 \varkappa'_1} = 0{,}234; \quad \frac{\varkappa'_1}{1 - \varkappa_1 \varkappa'_1} = 0{,}232; \quad \frac{\varkappa_2}{1 - \varkappa_2 \varkappa'_2} = 0{,}349$$

Die Stützenreaktionen der mit der Rahmenfläche belasteten einfachen Balken betragen nach Gleichung (11):

$$\mathfrak{L}_0 = \mathfrak{R}_4 = \frac{l_0 \cdot f'_0}{2} = \frac{10 \cdot 6{,}967}{2} = 34{,}87 \text{ qm}$$

$$\mathfrak{R}_0 = \mathfrak{L}_4 = \frac{l_0 \cdot f''_0}{2} = \frac{10 \cdot 8{,}633}{2} = 43{,}17 \text{ „}$$

$$\mathfrak{L}_1 = \mathfrak{R}_3 = \frac{l_1 \cdot f'_1}{2} = \frac{8 \cdot 10{,}967}{2} = 43{,}87 \text{ „}$$

$$\mathfrak{R}_1 = \mathfrak{L}_3 = \frac{l_1 \cdot f''_1}{2} = \frac{8 \cdot 11{,}633}{2} = 46{,}53 \text{ „}$$

$$\mathfrak{L}_2 = \mathfrak{R}_2 = \frac{l_2 \cdot s_2}{2} = \frac{12 \cdot 12{,}3}{2} = 73{,}80 \text{ „}$$

Daraus die Flächenwerte:

$$\mathfrak{f}_1 = \mathfrak{f}_4 = \mathfrak{R}_0 + \mathfrak{L}_1 = 87{,}04 \text{ qm}$$
$$\mathfrak{f}_2 = \mathfrak{f}_3 = \mathfrak{R}_1 + \mathfrak{L}_2 = 120{,}33 \text{ „}$$

Ferner finden wir nach Gleichung (14):

$$F_1 = F'_4 = \mathfrak{f}_1 = 87{,}04 \text{ qm}$$
$$F_2 = F'_3 = \mathfrak{f}_2 - \varkappa_1 \mathfrak{f}_1 = 101{,}00 \text{ „}$$
$$F_3 = F'_2 = \mathfrak{f}_3 - \varkappa_2 F'_2 = 88{,}62 \text{ „}$$
$$F_4 = F'_1 = \mathfrak{f}_4 - \varkappa_3 F_3 = 67{,}47 \text{ „}$$
$$F_5 = F'_0 = \mathfrak{R}_4 - \varkappa_4 F_4 = 15{,}17 \text{ „}$$

Die Rechnungsgrößen lassen sich berechnen zu:

$$\mathfrak{Q}'_0 = \varkappa'_0 \cdot F'_1 = 18{,}03 \text{ qm}$$

$$\mathfrak{Q}_1 = \frac{\varkappa_1}{1 - \varkappa_1 \varkappa'_1} (F_1 - \varkappa'_1 F_2) = 15{,}76 \text{ „}$$

$$\mathfrak{Q}'_1 = \frac{\varkappa'_1}{1 - \varkappa_1 \varkappa'_1} (F'_2 - \varkappa_1 F_1) = 16{,}08 \text{ „}$$

$$\mathfrak{Q}_2 = \frac{\varkappa_2}{1 - \varkappa_2 \varkappa'_2} (F_2 - \varkappa'_2 F'_3) = 24{,}12 \text{ „}$$

Aus Gleichung (25) und (25a) ergeben sich die Ordinaten der Fläche der Stützenmomente infolge X = — 1 zu:

$$h_1 = \frac{6\,\Omega'_0}{l_0} = \frac{6\,\Omega_1}{l_0} = 11{,}82 \text{ m}$$

$$h_2 = \frac{6\,\Omega'_1}{l_1} = \frac{6\,\Omega_2}{l_2} = 12{,}06 \text{ „}$$

Die Übereinstimmung der beiden Resultate für $h_1$ und $h_2$ gewährleistet die Richtigkeit der bisherigen Rechnung. Wir können nun die Momentenfläche für X = — 1 in Figur 39 einzeichnen.

Um den Nenner N zu bestimmen, berechnen wir zunächst

$$S_0 = S_5 = \frac{J^0}{J^c} \cdot \frac{s_3^{\,3}}{3}$$

Wird das mittlere Trägheitsmoment der Außenstütze doppelt so groß als das des Riegels angenommen, so ergibt sich

$$S_0 = S_5 = \frac{5{,}3^3}{2 \cdot 3} = 24{,}8 \text{ m}^3$$

Ferner ist nach Gleichung (27), mit Rücksicht auf die Symmetrie,

$$\Sigma R = 2\,(\eta_0\,\mathfrak{L}_0 + \eta_1\,\mathfrak{f}_1 + \eta_2\,\mathfrak{f}_2) = 2\,(5{,}3 \cdot 34{,}87 - 1{,}52 \cdot 87{,}04 + 0{,}24 \cdot 120{,}33) = 162{,}8 \text{ m}^3$$

Mithin $N = 2 \cdot 24{,}8 + 162{,}8 = 212{,}4 \text{ m}^3$

Die Berechnung wurde für jede Belastungsgruppe gesondert ausgeführt. Die Momente der einfachen Balken betragen für:

A) Ständige Belastung durch Einzellasten.

Feld $l_0$ und $l_4$ (für eine Last $P_0$) $\mathfrak{M}_0{}^P = \frac{2}{9}\,P_0\,l_0 = 17{,}78$ mt
Feld $l_1$ und $l_3$ (für eine Last $P_1$) $\mathfrak{M}_1{}^P = \frac{2}{9}\,P_1\,l_1 = 11{,}38$ mt
Feld $l_2$ (für eine Last $P_2$) $\mathfrak{M}_2{}^P = \frac{3}{16}\,P_2\,l_2 = 22{,}50$ mt

B. Ständige gleichförmige Belastung.

Feld $l_0$ und $l_4$ $\mathfrak{M}^g{}_0 = \frac{g\,l^2{}_0}{8} = 6{,}25$ mt

Feld $l_1$ und $l_3$ $\mathfrak{M}^g{}_1 = \frac{g\,l^2{}_1}{8} = 4{,}00$ mt

Feld $l_2$ $\mathfrak{M}^g{}_2 = \frac{g\,l^2{}_2}{8} = 9{,}00$ mt

C. Einseitige Belastung.

Feld $l_0$ (für eine Last $P'_0$) $\mathfrak{M}^{P'}{}_0 = \frac{2}{9}\, P'_0\, l_0 = 4{,}45$ mt

Feld $l_1$ (für eine Last $P'_1$) $\mathfrak{M}^{P'}{}_1 = \frac{2}{9}\, P'_1\, l_1 = 3{,}45$ mt

Feld $l_2$ (für eine Last $P'_2$) $\mathfrak{M}^{P'}{}_2 = \frac{3}{16}\, P'_2\, l_2 = 6{,}25$ mt

Die Laterne über dem Mittelfeld kann als ein Zweigelenkbogen angesehen werden. Unter Einwirkung des Windes entsteht im Riegel des Mittelfeldes eine Kraft in Richtung der Achse und

D. Moment im oberen Riegel infolge Windmoment.

$$W = 4{,}0 \cdot 8{,}0 \cdot 0{,}125 = 4{,}0^{t}$$

$$M^W = 4{,}0 \cdot 2{,}0 \qquad = 8{,}0 \text{ mt}$$

E. Winddruck, angreifend im Knotenpunkt von Außenstütze und Riegel.

$$W = \left(\frac{5{,}3}{2} + 11{,}0\right) \cdot 8{,}0 \cdot 0{,}125 = 13{,}65^{t}$$

$$\mathfrak{M}^W = W \cdot s_0 = 72{,}4 \text{ mt}$$

F. Temperaturspannung

verursacht keine Momente.

Für die Belastungen A bis E wurden die Momentenflächen des Hauptsystems in Fig. 44 aufgetragen. Nun kann die Berechnung der Beiträge, die die einzelnen Belastungen zu X liefern, erfolgen.

Für A. Ständige Belastung durch Einzellasten:

Infolge symmetrischer Anordnung der Belastung heben sich die von u abhängigen Glieder gegenseitig auf, so daß wir erhalten:

$$\text{Für Feld } l_0 : \mathfrak{M}_0 \left[2 \cdot \frac{l_0}{4}(s_0 + s_1) - 2 \cdot \frac{3}{2}\, \Omega'_0\right] = \qquad 23{,}90\, M^P{}_0 = +424$$

$$\text{„ „ } l_1 : \mathfrak{M}_1 \left[2 \cdot \frac{l_1}{4}(s_1 + s_2) - 2 \cdot \frac{3}{2}(\Omega_1 + \Omega'_1)\right] = -5{,}13\, M^P{}_1 = -\ 58$$

$$\text{„ „ } l_2 : \mathfrak{M}_2 \left[2 \cdot \frac{l_2 \cdot s_2}{2} - 2 \cdot 3 \cdot \Omega_2\right] = \qquad 2{,}88\, M^P{}_2 = +\ 64$$

„ „ $l_3$ wie für Feld $l_1$ — 58

„ „ $l_4$ „ „ „ $l_0$ + 424

+ 796

$$X_P = \frac{796}{212,4} = 3,75^{\,t}$$

B. Ständige gleichförmige Belastung:

Für Feld $l_0$ und $l_4 : 2 \cdot \mathfrak{M}^g_0 \, [^2/_3 (\mathfrak{L}_0 + \mathfrak{R}_0) - 2\, \mathcal{L}'_0]$

$= 2 \cdot 15,94\, \mathfrak{M}^g_0 =$ 199

„ „ $l_1$ „ $l_3 : 2 \cdot \mathfrak{M}^g_1 \, [^2/_3 (\mathfrak{L}_1 + \mathfrak{R}_1) - 2 (\mathcal{L}_1 + \mathcal{L}'_1)]$

$= - 2 \cdot 3,41\, \mathfrak{M}^g_1 = -$ 27

„ „ $l_2$ : $\mathfrak{M}^g_2 \, [^2/_3 (\mathfrak{L}_2 + \mathfrak{R}_2) - 4\, \mathcal{L}_2]$

$= 1,96\, \mathfrak{M}^g_2 = +$ 18

$+ 190$

$$X_g = \frac{190}{212,4} = 0,90^{\,t}$$

C. Einseitige Belastung:

Für Feld $l_0$: $23,90\, \mathfrak{M}^{p'}_0 =$ 106

„ „ $l_1$: $- 5,13\, \mathfrak{M}^{p'}_1 = -$ 18

„ „ $l_2$: $+ 2,88\, \mathfrak{M}^{p'}_2 = +$ 19

$+ 107$

$$X^{p'} = \frac{107}{212,4} = 0,51^{\,t}$$

D. Moment im oberen Riegel infolge Windmoment. Infolge Symmetrie heben sich je zwei Differentiale $M^0 y' dx$ gegenseitig auf, so daß

$$X = 0$$

E. Winddruck, angreifend im Knotenpunkt von Außenstütze und Riegel.

$$X = W \cdot \frac{S_0 + s_0 \cdot F'_0}{N} = 0,495\; W = 6,75^{\,t}$$

F. Temperaturspannung.

Für $E = 140\,000$ kg/qcm; $\alpha = \frac{0,014}{1000}$

$$J^0 = \frac{25 \cdot 60^3}{10} = 540\,000 \text{ cm}^4$$

ist gemäß Gleichung (3) $X = 1,03^{\,t}$.

# Tafel I.

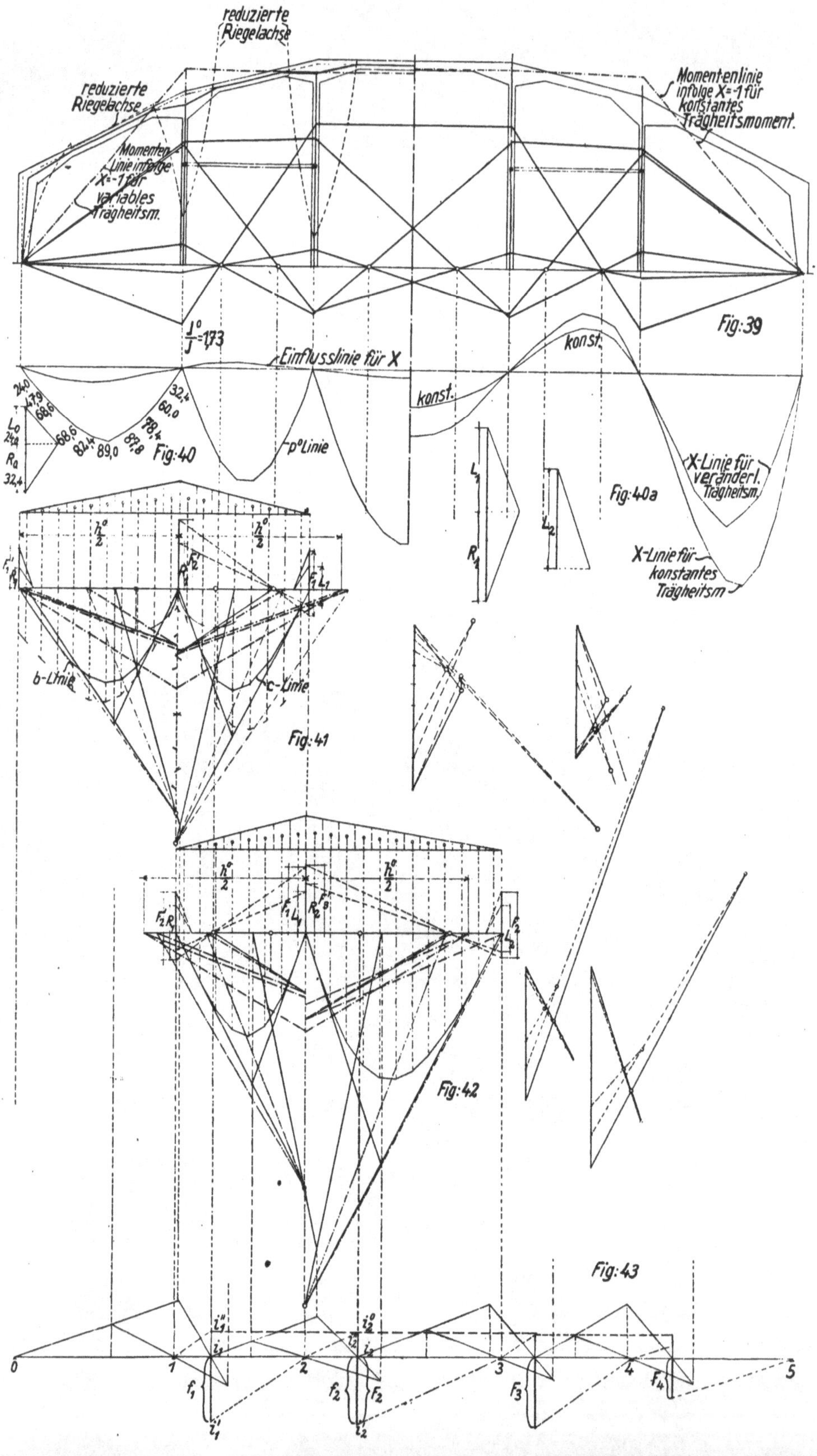

reduzierte Riegelachse
reduzierte Riegelachse
Momentenlinie infolge X=-1 für konstantes Trägheitsmoment.
Momenten Linie infolge X=-1 für variables Trägheitsm.
Fig:39
$\frac{J^0}{J}$=1,73
Einflusslinie für X
konst.
konst.
24,0
47,9
68,6
$L_0$
24,0
$R_a$
32,4
68,6
82,4
89,0
87,8
78,4
60,0
32,4
Fig:40
$p^0$ Linie
$L_1$
$R_1$
$L_2$
Fig:40a
X-Linie für veränderl. Trägheitsm.
X-Linie für konstantes Trägheitsm
$\frac{l^0}{2}$
$\frac{l^0}{2}$
b-Linie
c-Linie
Fig:41
$\frac{l^0}{2}$
$\frac{l^0}{2}$
Fig:42
Fig:43
0
1
2
3
4
5
$f_1$
$f_2$
$F_2$
$F_3$
$F_4$

Nun können die vom Horizontalschub herrührenden Momentenflächen von denen des kontinuierlichen Balkens abgezogen werden (Fig. 44).

Nachdem auf Grund der so gefundenen Momente sämtliche Querschnitte in der in Figur 39 gezeichneten Art festgelegt wurden, kann die Nachprüfung unter Berücksichtigung des veränderlichen Querschnittes vorgenommen werden. Für Bauwerke in Eisenbeton können die Trägheitsmomente nicht absolut genau bestimmt werden, da noch über manche Fragen, wie z. B. die Mitwirkung der Zugzone und den Anteil der Druckplatte, die Untersuchungen nicht abgeschlossen sind. Es können aber, da ja kleine Differenzen ganz unbedeutend sind, die Trägheitsmomente der Rechteckbalken eingeführt werden, die sich bei konstanter Balkenbreite wie die dritten Potenzen der Höhen verhalten. Um Figur 39 nicht zu unübersichtlich zu gestalten, wurde das Diagramm der Trägheitsmomente weggelassen und nur die verzerrte Riegelachse eingetragen, die nach Anleitung von Figur 2 bestimmt wurde.

(Fig. 39 bis Fig. 43 siehe auf Tafel I.)

Für die mit der verzerrten Momentenfläche belasteten einfachen Balken ist in Fig. 40 die Momentenlinie zur Polweite $\mathfrak{H} = 20$ m² konstruiert, wobei sich Ordinaten $p^0$ und Stützendrücke $\mathfrak{L}$ und $\mathfrak{R}$ ergaben. Nachdem mit Hilfe der Figuren 41 und 42 die Festpunkte nach der Ritterschen Methode bestimmt und die Flächenwerte F in Fig. 43 konstruiert wurden, konnten die Hilfsgrößen $\gamma = \frac{s}{v}$ gefunden werden. Hierbei wurden die Biegelinien für Dreiecke mit der Höhe $h^0 = 20$ m² mit der Polweite $\mathfrak{H}' = \mathfrak{H} = 20$ m² gezeichnet. Die Ordinaten $h_1$ und $h_2$ wurden schließlich mittels Dreieckähnlichkeit bestimmt. Um jedoch die Figur nicht zu groß werden zu lassen, wurde nur die halbe Länge von $h^0$ aufgetragen, so daß die Höhen $h_1$ und $h_2$ doppelt so groß genommen werden müssen. Die Übereinstimmung je zweier Strecken gewährleistet die Richtigkeit der Zeichnung. Werden diese Strecken in die Figur 39 übertragen, so erhält man die Form der Momentenfläche infolge des Horizontalschubes. Die Größe desselben ist für lotrechte Belastung aus der Einflußlinie zu entnehmen, die dadurch gefunden wird, daß in Fig. 40 von der $p^0$-Linie die im Verhältnis $\gamma$ gekürzten Biegelinien der Figuren 41 und 42 abgezogen werden. Fig. 40 a gibt diese Durchbiegungen in zehnfacher Vergrößerung, in welcher Figur zum Vergleiche auch die Einflußlinie für konstantes Trägheitsmoment eingetragen wurden.

Um den Nenner N zu bestimmen, wurde zunächst $S_0$ nach Anleitung von Fig. 9 zu 24,0 $m^3$ und sodann $\int_0^L y' dx \cdot \eta = \Sigma R$ analytisch zu 94 $m^3$ ermittelt, sodaß sich N zu $2 \cdot 24 + 94 = 142$ $m^3$ ergab. Die Darstellung der Einflußlinie wurde hier zunächst so vorgeführt, wie sie für jede beliebige Riegelform gültig ist. Wird jedoch auf eine genaue Form der Riegelachse, die in der Nähe der Stützpunkte nach unten abfällt, verzichtet, da dies von ganz minimalem Einflusse auf den Horizontalschub ist, und die Riegelachse zwischen den Stützen geradlinig angenommen, so lassen sich einige Vereinfachungen erzielen, die dann eine viel genauere Konstruktion ermöglichen. Es ist nämlich die Rahmenfläche dann in Dreiecksflächen zerlegbar, deren Flächeninhalte und Schwerpunkte bekannt sind. Werden für das Feld $l^n$ deren Schwerpunktsabstände von den Stützen mit $e_n$ und $e'_n$ und deren mittlere Trägheitsmomente mit $C^c_n$ und $C'^c_n$ bezeichnet (Fig. 47), so ergeben sich die Auflagerreaktionen zu

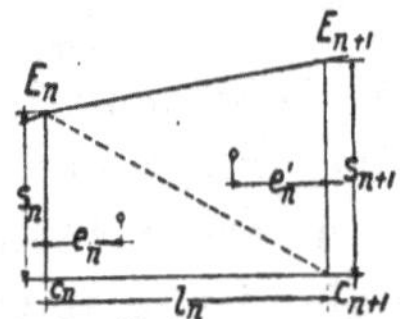

Fig: 47

$$\mathfrak{L}_n = \frac{\mathfrak{J}^0}{\mathfrak{J}^c_n} \cdot \frac{s_n}{2} (l_n - e_n) + \frac{\mathfrak{J}^0}{\mathfrak{J}'^c_n} \cdot \frac{s_{n+1}}{2} e'_n \text{ und}$$

$$\mathfrak{R}_n = \frac{\mathfrak{J}^0}{\mathfrak{J}^c_n} \cdot \frac{s_n}{2} \cdot e_n + \frac{\mathfrak{J}^0}{\mathfrak{J}'^c_n} \cdot \frac{s_{n+1}}{2} (l_n - e'_n)$$

Diese Auflagerdrücke können nun zu Flächenwerten f vereinigt werden, so daß die weitere Konstruktion in unveränderter Weise fortgesetzt werden kann. Die Einflußlinie von X wird schließlich dadurch gewonnen, daß die c- und b-Linien im Verhältnisse $\frac{s-h}{h^0} = \frac{\eta}{h^0}$ verkürzt und hierauf je zwei einander zugehörige Linien addiert werden.

Die Größe der Bogenkraft kann aus der Einflußlinie (Fig. 40) entnommen werden für

A. Ständige Belastung durch Einzellasten.

$$X^p \doteq 2x\mathfrak{H} \cdot \frac{(1,02+0,78)\,P_0 - (0,34+0,21)\,P_1 + 0,23\,P_2}{142} = 3,72^t$$

B) Ständige gleichförmige Belastung.

$$X^g = g \cdot \mathfrak{H} \cdot \frac{\text{Einflußfläche}}{N} = \frac{0,5 \cdot 20 \cdot 2\,(6,52 - 1,82 + 1,18)}{142} = 0,83^t$$

C) Einseitige Belastung.

$$X = \mathfrak{H} \cdot \frac{(1,02+0,78)\,P'_0 - (0,34+0,21)\,P'_1 + 0,23\,P'_2}{142} = 0,46^t$$

Zur Bestimmung des Einflusses der Bogenkraft für Belastung durch Winddruck wurde die Riegelachse geradlinig angenommen. Nach Gleichung (37) ist dann

$$X^W = \frac{S_0 + s_0\,F'_0}{N} = 0,43^W$$

Die Größe des Horizontalschubes für Temperaturspannung sowie dessen Momentenfläche wurden wegen der Geringfügigkeit nicht besonders berechnet, sondern gleich derjenigen genommen, die sich für konstantes Trägheitsmoment ergibt.

Für die einzelnen Belastungsgruppen wurden nun die Momentenflächen infolge der Bogenkraft von den $M^0$-Flächen in Figur 44 abgezogen und sodann die Linie der größten und kleinsten Momente in Figur 45 zusammengestellt. Zum Vergleiche sind in diese Figur auch die Kurven, die sich für konstantes Trägheitsmoment ergeben, eingetragen worden.

Nun soll noch der Umstand, daß auch die Mittelstützen unverschieblich gelagert sind, berücksichtigt werden. In den Figuren 41 und 42 wurden der Reihe nach für jedes Feld unter der Annahme, daß nur dieses Feld von festen Stützen eingeschlossen ist, die diesen Stützen entsprechenden Ordinaten konstruiert [vgl. Gleichung (46) auf S. 47] und sodann in

Figur 39 die Ordinaten für die übrigen Stützpunkte gefunden. Aus dieser Figur entnehmen wir die Ordinaten h, wenn die festen Stützen einschließen

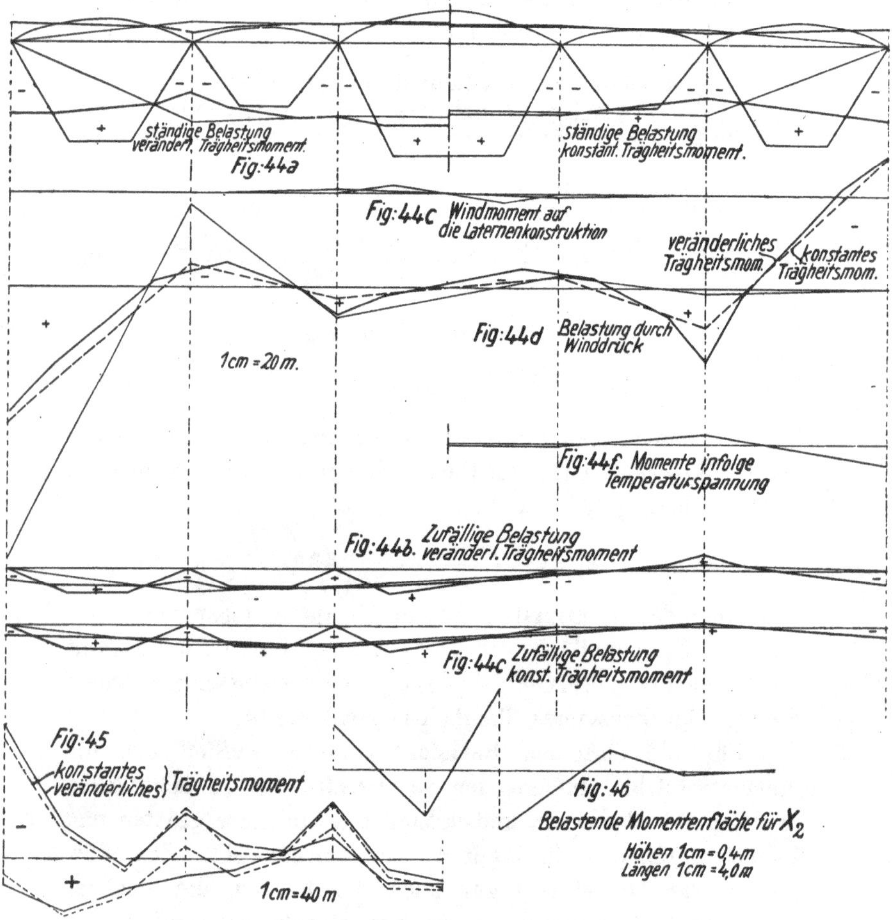


| | | |
|---|---|---|
| Feld $l_0$ : | $h_{10} = h_{44} = + \ 7{,}00$ m | $h_{20} = h_{34} = - \ 2{,}75$ m |
| Feld $l_1$ : | $h_{11} = h_{43} = + \ 7{,}50$ m | $h_{21} = h_{33} = + \ 7{,}80$ m |
| Feld $l_2$ : | $h_{12} = h_{42} = - \ 3{,}60$ m | $h_{22} = h_{32} = + \ 8{,}70$ m |
| Feld $l_3$ : | $h_{13} = h_{41} = + \ 1{,}20$ m | $h_{23} = h_{31} = - \ 2{,}90$ m |
| Feld $l_4$ : | $h_{14} = h_{40} = - \ 0{,}40$ m | $h_{24} = h_{30} = + \ 1{,}00$ m |
| | $h_{1a} = h_{4a} = + 11{,}95$ m | $h_{2a} = h_{3a} = + 11{,}85$ m |

Die Summen müssen naturgemäß wieder die Ordinaten ergeben für den Fall, daß nur die beiden Außenstützen fest sind. Die Werte $R = \int y' dx \cdot \eta$ sind bereits bekannt (s. S. 72). Werden noch die Flächenwerte $\mathfrak{L}$ und $\mathfrak{R}$ mit den Ordinaten multipliziert, so erhalten wir

$$\begin{array}{lll}
R_{00} = 234 & R_{10} = -232 & R_{20} = 104 \\
R_{01} = -230 & R_{11} = 425 & R_{21} = -315 \\
R_{02} = 104 & R_{12} = -329 & R_{22} = 468 \\
R_{03} = -39 & R_{13} = 116 & R_{23} = -315 \\
R_{04} = 12 & R_{14} = -38 & R_{24} = 104 \\
\hline
R_{0a} = 82 & R_{1a} = -58 & R_{2a} = 46
\end{array}$$

$$\begin{array}{lll}
R_{30} = 58 & R_{40} = 12 & R_{a0} = 81 \\
R_{31} = 116 & R_{41} = -39 & R_{a1} = -43 \\
R_{32} = -329 & R_{42} = 104 & R_{a2} = 18 \\
R_{33} = 425 & R_{43} = -230 & R_{a3} = -43 \\
R_{34} = -232 & R_{44} = 234 & R_{a4} = 81 \\
\hline
R_{3a} = -58 & R_{4a} = -58 & R_{aa} = 94
\end{array}$$

$S_0 = 24$ ist bereits berechnet; wir bestimmen noch

$$S_1 = \left(\frac{60}{30}\right)^3 \cdot \frac{9{,}2^3}{3} = 2080 \text{ und } S_2 = \left(\frac{60}{40}\right)^3 \cdot \frac{11{,}4^3}{3} = 1670,$$

wobei die Stützenlänge bis Mitte Voute genommen ist, und erhalten gemäß Gleichung (51) die Bedingungsgleichungen zur Bestimmung der Überzähligen zu

$$\begin{array}{rl}
142\,X'_a + 105\,X'_0 - 42\,X'_1 - 42\,X'_3 + 105\,X'_4 &= \Sigma I \\
96\,X'_a + 2338\,X'_0 - 2310\,X'_1\,(-\ 38\,X'_3 + 12\,X'_4) &= I_0 \\
-58\,X'_a - 2312\,X'_0 + 4175\,X'_1\,(+\ 116\,X'_3 - 39\,X'_4) &= I_1 \\
-58\,X'_a\,(-\ 39\,X'_0 + 116\,X'_1) + 4175\,X'_3 - 2312\,X'_4 &= I_3 \\
96\,X'_a\,(+\ 12\,X'_0 - 38\,X'_1) - 2310\,X'_3 + 2338\,X'_4 &= I_4
\end{array}$$

Werden die eingeklammerten Glieder, die von nur ganz untergeordnetem Einflusse sind, vernachlässigt, so ergibt die Ausrechnung

$$\begin{array}{rl}
142\,X'_a &= 1{,}000\,I_0 + 1{,}048\,I_1 + 1{,}083\,I_2 + 1{,}048\,I_3 + 1{,}000\,I_4 \\
142\,X'_0 &= 0{,}073\,I_0 + 0{,}011\,I_1 - 0{,}065\,I_2 - 0{,}063\,I_3 - 0{,}060\,I_4 \\
142\,X_1 = 142\,X'_1 &= 0{,}055\,I_0 + 0{,}055\,I_1 - 0{,}021\,I_2 - 0{,}020\,I_3 - 0{,}019\,I_4 \\
142\,X_0 = 142\,(X'_0 - X'_1) &= 0{,}018\,I_0 - 0{,}044\,I_1 - 0{,}044\,I_2 - 0{,}043\,I_3 - 0{,}041\,I_4 \\
142\,X_a = 142\,(X'_a + X'_0) &= 1{,}073\,I_0 + 1{,}059\,I_1 + 1{,}018\,I_2 + 0{,}985\,I_3 + 0{,}940\,I_4
\end{array}$$

Wir sind jetzt in der Lage, aus der berechneten Belastungsfläche die Größen aller Bogenkräfte zu berechnen, die durch sie erzeugten Momentenflächen zu zeichnen und dieselben von der $M^0$-Fläche abzuziehen. Infolge der großen Biegsamkeit der dünnen Zwischenstützen werden durch diese schärfere Untersuchung die Einflußlinie von $X_a$ und damit die Momente des Riegels und der Außenstützen so unerheblich geändert, daß es zwecklos ist, darauf näher einzugehen. Es sollen daher nur noch die Momente in den Mittelstützen berechnet werden. Wird die Riegelachse geradlinig angenommen, so entsprechen den Integralwerten I belastende Momentenflächen, die sich aus Dreiecken zusammensetzen. Die belastenden Momentenflächen der Bogenkräfte bestehen demnach ebenfalls aus Dreiecken. Werden die Höhen desselben im Feld $l_n$ mit $k_{1n}$ und $k_{2n}$ bezeichnet, so kann für eine lotrechte Belastung die Bogenkraft zu

$$X = \frac{\Sigma P\, k_1\, c + \Sigma P\, k_2\, b}{h_0 \cdot N\, a\, a}$$

berechnet werden.

Um die Bogenkraft infolge einer in D angreifenden Kraft W zu bestimmen, empfiehlt es sich, auf die $M^0$-Fläche zurück-

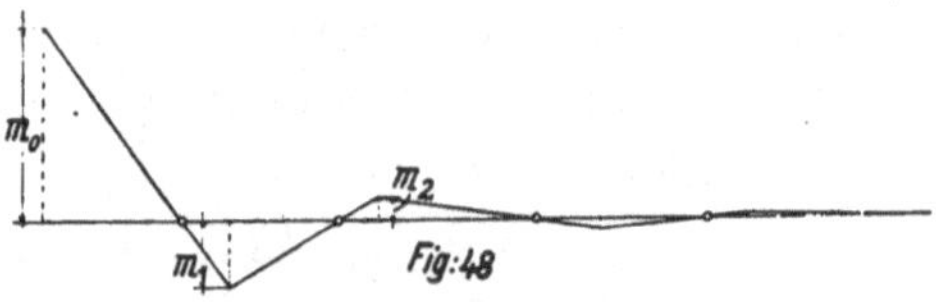

Fig. 48

zugreifen, da diese schnell gezeichnet werden kann (Fig. 48). Werden die Beiwerte von $I_0, I_1 \ldots I_4$ mit $\varrho_0, \varrho_1 \ldots \varrho_4$ bezeichnet, so ist

$$X = \frac{1}{N\,a\,a}\left\{\varrho_0 \int_0^{s_0} \frac{\mathfrak{J}^0}{\mathfrak{J} \cos\varphi} M^0\, y'\, dy + \varrho_0 \int_0^{l_0} M^0 y' dx + \ldots \varrho_4 \int_0^{l_4} M^0 y' dx \right\}$$

$$= \frac{W}{N\,a\,a} \cdot \left\{\varrho_0\, S_0 + \varrho_0 (m_0\, \mathfrak{L}_0 + m_1\, \mathfrak{R}_0) + \varrho_1 (m_1\, \mathfrak{L}_1 + m_2\, \mathfrak{R}_2) + \ldots \right.$$

$$\left. \ldots + \varrho_4\, m_4\, \mathfrak{L}_4 \right\}$$

wenn mit $m_0$, $m_1$ ... $m_4$ die Ordinate der Momentenflächen in den Stützpunkten infolge W = 1 verstanden wird.

Für Stütze 1 ergibt die numerische Ausrechnung für

| | |
|---|---|
| A. Ständige Belastung durch Einzellast | + 0,32 t |
| B. Ständige gleichförmige Belastung | + 0,03 t |
| C. Einseitige Belastung | + 0,05 t |
| D. Winddruck links | — 0,54 t |
| „ rechts | + 0,26 t |
| Maximum | + 0,66 t |
| Minimum | — 0,19 t |

Die belastende Momentenfläche ist in Figur 46 aufgetragen worden.

## 12. Eisenbahnbrücke.

Eine Eisenbahnbrücke (Fig. 49) sei als durchlaufender eiserner Fachwerksträger zu entwerfen, dessen Enden auf gemauerten Widerlagern frei aufliegen, während die dazwischen liegenden Stützpunkte mit den Stützen steif verbunden sind; für die letzteren sind Gelenke in den Fußpunkten anzunehmen. Die Spannweite von 180 m ist durch 15 m hohe Stützen in sechs gleiche Teile zu teilen.

Der Einfachheit halber wollen wir die Trägheitsmomente konstant annehmen, und zwar sei das mittlere Trägheitsmoment einer Stütze gleich einem Drittel des Balkenträgheitsmomentes. Wird zur Abkürzung $\sigma = \frac{\mathfrak{J}^0}{\mathfrak{J}_s} \cdot \frac{s}{31} = 0,5$ gesetzt und werden die statischen Unbekannten in der in Figur 49 angegebenen Weise gewählt, so können die Bedingungsgleichungen zur Bestimmung derselben gefunden werden zu:

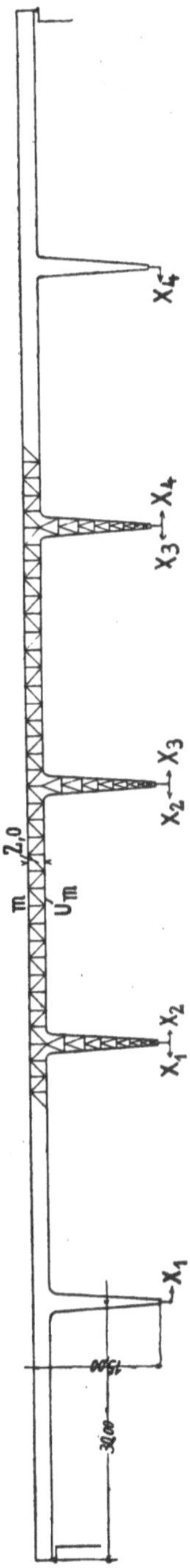

$$X_1 (2 \cdot 0{,}5 + 0{,}3055) + X_2 (-0{,}5 - 0{,}2366) + X_3 (0{,}0634) + X_4 (0{,}0211) = \frac{I_1}{s^2 l}$$

$$X_1 (-0{,}5 - 0{,}2366) + X_2 (2 \cdot 0{,}5 + 0{,}3673) + X_3 (-0{,}5 - 0{,}2327) + X_4 (-0{,}0577) = \frac{I_2}{s^2 l}$$

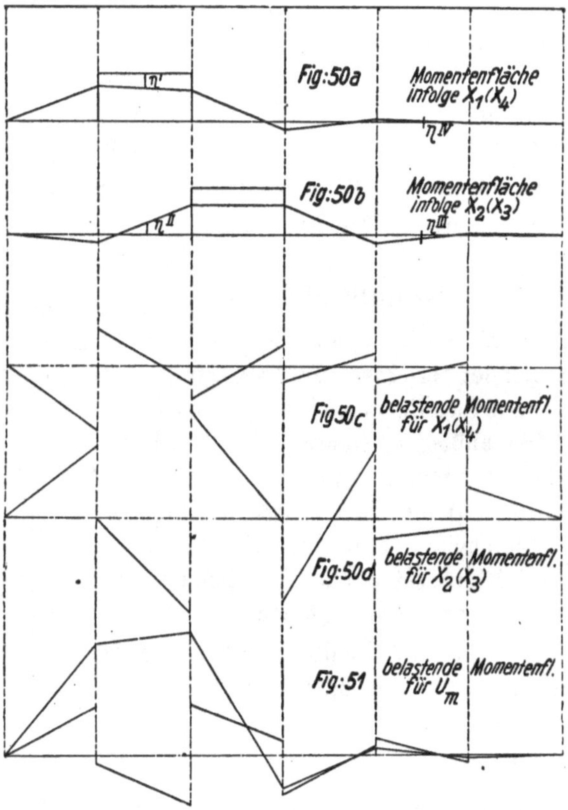


$$X_1 (-0{,}0577) + X_2 (-0{,}5 - 0{,}2327) + X_3 (2 \cdot 0{,}5 + 0{,}3673) + X_4 (-0{,}5 - 0{,}2366) = \frac{I_3}{s^2 l}$$

$$X_1(0{,}0211) + X_2(0{,}0634) + X_3(-0{,}5 - 0{,}2366) + X_4(2 \cdot 0{,}5 + 0{,}3055) = \frac{I_4}{s_2 l}$$

Die weitere Rechnung, deren Vorführung unterblieben ist, da sie nichts Bemerkenswertes bietet, führt dann zur Bestimmung der belastenden Momentenflächen. Dieselben wurden für $X_1 = 1$ und $X_2 = 1$ in Figur 50 aufgetragen.

Soll nun beispielsweise der Gurtstab $U_m$ berechnet werden, so ist zunächst die belastende Momentenfläche für den Schnittpunkt m zu bestimmen. Diejenige für den durchlaufenden Balken des Hauptsystems, die nach Gleichung 59 berechnet worden, ist zunächt in Figur 51 aufgetragen und sind sodann von derselben die mit $\eta'_m = 0{,}305$; $\eta''_m = -0{,}236$; $\eta''' = 0{,}063$; $\eta^{IV} = -0{,}021$ multiplizierten belastenden Momentenflächen in

Fig: 52

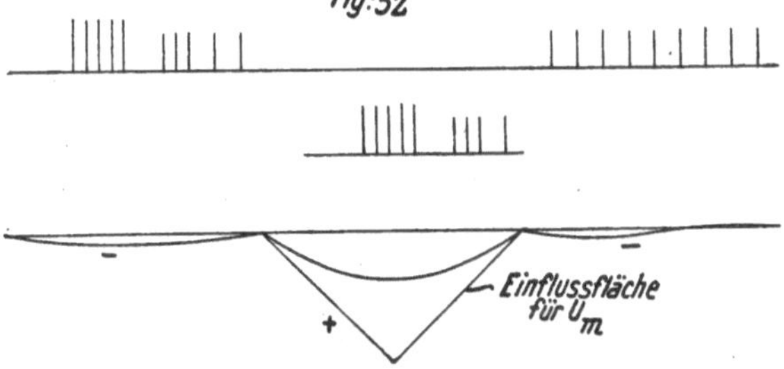


Abzug gebracht worden. Die Figur zeigt deutlich den Einfluß der Stützeneinspannung, indem für Feld $l_1$ die negative Belastungsfläche wächst, dagegen in den anliegenden Feldern verkleinert wird. In den weiteren Feldern ist der Einfluß der Stützeneinspannung so groß, daß eine Belastung dieser Felder von gar keiner Bedeutung mehr auf das Moment in m ist. Es konnte daher das Auftragen der Einflußlinie auf die ersten 3 Felder beschränkt werden (Figur 52).

Wird der preußische Normalzug der Berechnung zugrunde gelegt, so erhalten wir für zufällige Belastung

$${}_{max}M'_m = \Sigma P \delta = +370 \text{ mt}$$
$${}_{min}M'_m = \Sigma P \delta = - 85 \text{ mt}$$

und für das Eigengewicht $g = 1{,}5$ t/m

$$M^0_m = g\,\Sigma \frac{k\,l^3}{24} = +55 \text{ mt}$$

Die Spannkraft im Stabe $U_m$ beträgt dann

$$U_{max} = \frac{M'_{max} + M''}{h} = \frac{370 + 55}{2} = 212{,}5^t$$

$$U_{min} = \frac{M'_{min} + M''}{h} = \frac{-85 + 55}{2} = -15^t$$

---

Druck von C. Schulze & Co. G. m. b. H., Gräfenhainichen.

FSC
www.fsc.org
MIX
Papier | Fördert
gute Waldnutzung
FSC® C083411

Zeitfracht Medien GmbH
Ferdinand-Jühlke-Straße 7
99095 Erfurt, Deutschland
produktsicherheit@kolibri360.de